統計学入門

A Primer of Statistics

渋谷 綾子

税務経理協会

はじめに

　本書「統計学入門―Excelのデータ分析とスマートフォンで学ぶ―」は，大学に入学して初めて統計学を学ぶ大学生（文系，理系を問わない），および，統計学の基本を学び直したい社会人の方々を読者として想定している。
　本書の特徴は，計算して知識を確認しながら，統計学の基本概念を身につける構成になっていることである。

　本書の執筆にあたっては，使用する計算ツールを，「Excelの関数」と，Excelの標準アドインとして容易にアドインできる「データ分析」と，スマートフォンの「普通の電卓」と「無料アプリの関数電卓」に限定している。本書の内容は，「統計学の基礎知識（記述統計と確率）」と「Excelの標準アドイン（データ分析）で分析できる範囲」（基本統計量，相関，回帰分析，t検定，分散分析）である。統計の専用ソフトウェアで分析される「因子分析」や「主成分分析」等は扱っていない。

　「Excel標準アドイン」の「データ分析」は，ファイルメニューから「オプション」を選び，画面左のメニューから「アドイン」を選択，画面下方の「設定」をクリック，「分析ツール」にチェックマークを付して， OK ボタンをクリックするという6回のクリックで手軽にアドインできる。費用もかからない。この6回のクリックの操作がうまくいけば，いつでもデータメニューの右端に「データ分析」のボタンが表示されるようになる。
　本書を手にとってくれた読者は，理解できないところがあっても，とりあえず，前に進んでみてほしい。統計学を学ぶときは何度も繰り返し疑問を持ちながら，あるとき，他の要因との関係性が明らかになって，ようやく腑に落ちるということがよくある。また，専門用語を検索ワードとして検索した結果，疑問が増えるだけのことも多いのではないだろうか。統計学はピンポイントの知

識だけではなかなか理解できず，きちんと体系づけられた学習が必要である。

　本書では知識の広がりがまだ十分でない段階で，つまずきの原因となる有料の統計ツールや難解な数式を避けながら，体系づけられた統計学が身につくように配慮した。強力な計算ツールは持っているが，理解はついていかないということを避けるために，理論的にも理解しやすく記述したつもりである。また，本書でのExcelやスマートフォンの使い方を身につけることは，統計学以外の面でも有用なことがあるかもしれない。

　さらに，ちょっとした驚きと楽しさを感じるようなことにも言及した。Excelと統計学の知識が結びつくと，正規分布表，t分布表，χ^2分布表，F分布表も簡単に自分で作成できるのである。身近にあるExcelでここまでできる！と感じていただければ幸いである。また，Excelの関数については「．」（ドット）つきの新しいものを使用した。

　スマートフォンの電卓を横長にしたり，スワイプして計算ボタンの種類を増やしたときに出てくる $\boxed{\wedge}$ $\boxed{e}$ $\boxed{\pi}$ なども使いこなせば，今までは実際に計算することは難しいと感じていた数式が，意外に簡単に計算できることを体験できるだろう。

　また，スマートフォンの「無料アプリの関数電卓」であれば，さらに計算能力が増す。「関数電卓」として検索してダウンロードしたあと，普通の電卓機能での計算はもちろんのこと，順列や組合せの計算も，$\boxed{ALT}$ $\boxed{\times}$ で順列のP，$\boxed{ALT}$ $\boxed{\div}$ で，組合せのCが使用でき，公式を多段階に分解したりしなくても，一度に計算することができる。さらに計算履歴を有効に使えばかなり高度な計算もできる。身近で手軽なスマートフォンはExcelより強力な計算ツールになる可能性もある。

　なお，スマートフォンの無料アプリを使用する際は，表示される広告は無視することをお勧めする。授業でスマートフォンの無料アプリを紹介する際は「広告は無視するように」と注意を促してほしい。また，無料の関数電卓アプリは多くの種類があるが，選ぶ際の指標としてダウンロード数を見ていただく

はじめに

といいと思う。

　執筆者は大学で講義形式と実習形式（PCのExcel使用）の授業で，長年統計学の授業を担当してきた経験から，講義形式と実習形式それぞれの長所短所を実感してきた。本書は，講義形式でも実習形式でも有効に使いこなせるように執筆を進めた。

　実習形式の授業では，本書の説明のなかでExcelに関する部分を中心に進めればよいと考えられる。理論的な部分はレポートや宿題にしてもよい。

　講義形式の授業で計算にスマートフォンが使用できるということは，有用性とともに，授業中に机上にスマートフォンを置くことの弊害にも配慮しなければならない。執筆者の授業では

「統計学の授業で計算をするときだけ，スマートフォンを使います。計算が終わったらすぐにしまってください。他の授業では絶対にスマートフォンを出さないこと」

と伝えるようにしている。また，スマートフォンを使う操作は「宿題」として出題するだけにして，授業中はスマートフォンの操作を一切禁止する方法もある。Excelの操作は教卓のPCを映し出して説明し，自宅のPCでもやってみるように促している。自分のノートパソコンやタブレットを持ち込んで学ぶ学生も見られる。

　定期試験は筆記試験ではなく，レポートにするか，あるいは，筆記試験であれば，スマートフォンを机上に出すことは危険が大きいので，その場で計算する問題ではなく，統計分析結果（出力）の解釈の論述形式にする等の工夫をする。

　社会人の読者であれば，休日の一日で本書の全体をさっと見渡すことができるかもしれない。

本書の使い方

本書には「例題」「練習問題」「問題○. ○」があるが，次のような使い分けができる。

例題は章末や巻末までページを繰らなくてもその場で解き方の解説を含めて解答方法を示している。授業で説明するのにも適している。

練習問題には答がない。課題や宿題とすることができる。多くは本書の記述をよく読めば，容易に答がわかるものである。宿題の解答方法を発表させたり，質疑応答に発展させたりしてもいいかもしれない。

問題○. ○には章末に答がある。自分の理解度を確認し，知識を深めるために取り組んでほしい。

関数電卓の使用について

本書では，スマートフォンの無料アプリの関数電卓を紹介している。スマートフォンの普通の電卓より関数電卓が優れているのは，順列や組合せの計算と，二項分布やポアソン分布の公式の計算である。スマートフォンでのタップの操作は，ゆっくりと確実に行わなければうまくいかない。根気がなく，操作をやめてしまう学生が多く見受けられるが，タッチミス（タップミス）を自分で修正できないことが原因のようである。根気が続かずに投げ出してしまう前に $\boxed{\text{CLR}}$ ボタンで，パネル表示をきれいにして最初からやり直したほうがよいこともある。また授業で計算させるときは，十分な時間をかけて答合せを必ずすることをお勧めする。

ボタン式の従来からある関数電卓を購入してもよい。ほとんど操作は同じである。関数電卓は電器店や文房具店で1,000円～2,000円程度のもので統計学の入門レベルでは十分である。ただし，2桁表示（2行表示）以上の表示能力が

はじめに

あるものがよい。土地家屋調査士試験用は使い方が難しい。

本書の内容
第1章　代表値と散らばりについて
第2章　度数分布とクロス集計と時系列データ
第3章　相関関係と回帰分析
第4章　確率と確率変数と確率分布
第5章　母集団と標本と推定と検定

　なお，本書での説明に使用するデータは，読者が入力することをお勧めするが，いくつかのファイルは出版社（税務経理協会）のサイトからダウンロードできるようにしてある。以下のURLからダウンロードできる（http://www.zeikei.co.jp/news/n26747.html）。なお，ダウンロードされるファイルの内容は変更されることもある。

　本書は注意深く執筆したつもりであるが，間違いや執筆者の理解不足などがありましたら，忌憚なくお知らせいただければ幸いです。

　本書の出版におきましては，税務経理協会の峯村英治シニアエディターに深く感謝いたします。

平成30年9月

渋谷　綾子

　Microsoft, Excelは，米国Microsoft Corporationの米国およびその他の国における登録商標です。その他，本書に掲載されている会社名，製品名は，一般に各社の登録商標または商標です。

　スマートフォンの無料アプリの関数電卓はappsysのPanecalを想定した。

本書で使用する記号

記号	読み	意味
B(n,p)	二項分布の表現形	
E( )		期待値
N(μ, σ^2)	正規分布の表現形	
N(0,1)	標準正規分布の表現形	
s		標本の標準偏差
s^2		標本の分散
$\bar{x}$	エックスバー	標本内の平均
X		確率変数
$x_1, x_2, \cdots x_n$		確率変数の実現値，標本内のデータ
Y		確率変数
$y_1, y_2, \cdots y_n$		確率変数の実現値，標本内のデータ

ギリシャ文字

記号	読み	意味
α	あるふぁ	有意水準，指数平滑法においては1－αは減衰率
λ	らむだ	λ＝npはポアソン分布の平均
μ	みゅう	母平均
π	ぱい	円周率
σ	しぐま	標準偏差。σは小文字。大文字のΣは別の意味をもつ。
σ^2	しぐまにじょう	分散、あるいは母集団の分散
$\sigma^2_{\bar{x}}$	しぐまえっくすばー2乗	標本平均の分散
χ	カイ	カイ2乗分布で用いられる

目　　次

はじめに

第1章　代表値と散らばりについて ……………………………………3

第1節　代　表　値 ……………………………………………… 3
1　算 術 平 均 ……………………………………………… 4
2　中　央　値 ……………………………………………… 4
【Excelで代表値を計算してみよう】 …………………………… 5
　1)　「数式入力ボタン」を使用する方法 ……………………… 5
　2)　関数名をキーボード入力する方法 ……………………… 9
3　パーセンタイル ………………………………………… 10
4　最　頻　値 ……………………………………………… 12
5　幾 何 平 均 ……………………………………………… 12
　1)　ExcelのGEOMEAN関数を使用する ………………… 13
　2)　スマートフォンの普通の電卓を横長にするかスワイプして
　　　$\boxed{\wedge}$ を使用する ……………………………………… 14
6　調 和 平 均 ……………………………………………… 19

第2節　散らばりを表す統計量 …………………………………… 20
1　分散と標準偏差 ………………………………………… 21
2　変 動 係 数 ……………………………………………… 25

第3節　パーソナル・コンピュータを用いた分析 ……………… 27
1　Excel標準アドインのデータ分析を使用する ……………… 27
2　関数でひとつひとつの統計量を求める ………………… 32

コラム：データの種類 …………………………………………… 33

〔第1章　問題の解答〕………………………………………… 33
〔注〕……………………………………………………………… 34
〔参考文献〕……………………………………………………… 34

第2章　度数分布とクロス集計と時系列データ …………… 35

第1節　度数分布表とヒストグラム ………………………… 35
1　度数分布表から平均値を求める ……………………… 38
2　Excelを使用して度数分布表とヒストグラムを作成する … 39
　1）Excel標準アドインのデータ分析で度数分布表とヒストグラムを作成する ………………………………………………… 40
　2）FREQUENCY関数を使用する方法 ……………………… 42
　3）ピボットテーブルを使用する方法 ……………………… 44

第2節　クロス集計表 ………………………………………… 47
【ピボットテーブルでクロス集計表を作成してみよう】……… 50
応用1　クロス集計表からグラフを作成しよう ……………… 51
応用2　年代別割合を計算したクロス集計表を作成してみよう … 51

第3節　時系列データ ………………………………………… 54
1　移動平均法 ……………………………………………… 54
2　指数平滑法 ……………………………………………… 56

〔参考文献〕……………………………………………………… 58

目 次

第3章　相関関係と回帰分析 …………………………………… 59

第1節　相関関係を表す相関係数 ……………………………59
1　標準化変量を用いた相関係数の計算 ………………63
2　標準化の概念について ………………………………64
コラム：相関係数が −1 以上 1 以下である理由 …………66
【Excel で相関係数を計算してみよう】………………………67

第2節　回 帰 分 析 …………………………………………71
1　正規方程式を用いた単回帰式の求め方 ……………72
2　残差について …………………………………………76
3　決 定 係 数 ……………………………………………77
【Excel で回帰分析をしてみよう】…………………………79
1) 単回帰分析 ……………………………………………79
方法その1：散布図から求める方法 ………………80
方法その2：データ分析の「回帰分析」で求める ……81
2) 重回帰分析 ……………………………………………84

〔第3章　問題の解答〕…………………………………………88
〔注〕………………………………………………………………89
〔参考文献〕………………………………………………………89

第4章　確率と確率変数と確率分布 …………………………… 91

第1節　確　　　率 …………………………………………91
1　順列と組合せ …………………………………………91

1）順　　列 …………………………………………………… 92
　　　【スマートフォンの無料アプリの関数電卓について】………… 92
　　　2）組 合 せ …………………………………………………… 94
　　2　確率の加法定理，条件付き確率，乗法定理 ……………… 96
　　　1）確率の加法定理 …………………………………………… 96
　　　2）条件付き確率 ……………………………………………… 97
　　　3）乗 法 定 理 ………………………………………………… 98
　　　4）独　　立 …………………………………………………… 99
　　3　ベイズ統計学の紹介 ………………………………………… 100

　第2節　確 率 変 数 ……………………………………………… 106
　　1　離散型確率変数について　―期待値や分散の考え方―… 106
　　　1）2項分布 …………………………………………………… 107
　　　2）ポアソン分布 ……………………………………………… 110
　　　【Excelで2項分布とポアソン分布を体験してみよう】 ……… 114
　　2　連続型確率変数 ……………………………………………… 116
　　　1）正 規 分 布 ………………………………………………… 118
　　　【Excelで正規分布を体験してみよう】 ………………………… 126

　　〔第4章　問題の解答〕 ………………………………………… 129
　　〔参考文献〕 ……………………………………………………… 132

第5章　母集団と標本と推定と検定 …………………………… 133

　第1節　標本について …………………………………………… 134
　　1　社会科学で扱うデータと本章の内容 ……………………… 134
　　2　標本の平均と母集団 ………………………………………… 134

            3　標本平均の分散と母分散 ………………………… 138
            4　大数の法則と中心極限定理 ……………………… 139

    第2節　χ^2分布，t 分布，F 分布 ……………………………… 141
        1　χ^2　分　布 ……………………………………………… 141
            1)　χ^2分布の定義 ………………………………………… 142
            2)　χ^2分布の応用例 ……………………………………… 142
            【Excelでχ^2分布に関する関数を使ってみよう】 ………… 146
        2　t　分　布 ………………………………………………… 149
        3　F　分　布 ………………………………………………… 153

    第3節　推　　　定 ……………………………………………… 154
        1　推定の不偏性と有効性と一致性 ……………………… 154
        2　母平均と母分散の点推定 ……………………………… 156
            1)　母平均の点推定 ………………………………………… 156
            2)　母分散の点推定 ………………………………………… 156
        3　母平均の区間推定 ……………………………………… 157
            1)　母平均の区間推定　―正規分布を使用― …………… 157
            【Excelで母平均の95％信頼区間と99％信頼区間を
              計算してみよう】 ………………………………………… 160
            2)　母平均の区間推定　―t 分布を使用― ……………… 161
        4　母比率の区間推定　―標本サイズが十分に大きいとき― … 163
        5　母分散の区間推定 ……………………………………… 166

    第4節　検　　　定 ……………………………………………… 168
        1　帰無仮説と対立仮説による検定 ……………………… 168
        2　第Ⅰ種の誤りと第Ⅱ種の誤り ………………………… 171

3　母平均の差の検定　—Excelのデータ分析の「z検定」と「t検定」と「分散分析」の使い方— ………………… 172
　　1）データ分析の「z検定：2標本による平均の検定」………… 172
　　2）データ分析の「t検定：一対の標本による平均の検定」…… 176
　　3）データ分析の「t検定：等分散を仮定した2標本による
　　　　検定」……………………………………………………… 178
　　4）データ分析の「t検定：分散が等しくないと仮定した
　　　　2標本による検定」……………………………………… 181
　　5）データ分析の「分散分析：一元配置」………………………… 183
　　6）データ分析の「分散分析：繰り返しのない二元配置」……… 185
　　7）データ分析の「分散分析：繰り返しのある二元配置」……… 186

　〔第5章　問題の解答〕……………………………………… 189
　〔注〕…………………………………………………………… 189
　〔参考文献〕…………………………………………………… 189

分布表
　正規分布表 ……………………………………………………… 191
　t 分 布 表 ……………………………………………………… 192
　χ^2分 布 表 ……………………………………………………… 193
　F 分 布 表 ……………………………………………………… 194

索　引
　関数索引 ………………………………………………………… 197
　図表索引 ………………………………………………………… 197
　公式索引 ………………………………………………………… 201
　用語索引 ………………………………………………………… 205

統計学入門

渋谷 綾子

第1章　代表値と散らばりについて

第1節　代　表　値

　統計的にデータを分析するにあたって，まず，分析対象であるデータ全体を「ひとつの数値（あるいは言葉）」で表現することを考えるのではないだろうか。たとえば，「先日の統計学の試験のこのクラスの平均点は76点です」というように平均点でクラスの得点の中心を表すことはよく行われる。この"ひとつの数値（言葉）"を，データ全体を代表する値として，「代表値」とよぶ。

　Aクラスの平均点は76点，Bクラスの平均点は68点と聞けば，Aクラスのほうが優秀だと考えがちであるが，「2つのクラスの最高点はどちらの方がいいか」とか，「平均点のプラスマイナス10点の範囲に何割ぐらいの生徒が集中しているか」というような詳しいことまでは代表値だけではわからない。代表値はこのように完全にではないが，「分析するデータに関する一定の情報」を提供するものである。

　代表値としては，「平均値」，「中央値」，「最頻値」などがある。「平均値」には，「算術平均」「幾何平均」「調和平均」の3種類がある。一般に「平均値」というと「算術平均」であることが多い。「中央値」はデータを小さい順番に並べたときに中央にくる値である。「最頻値」は最も出現頻度の高いものであり，「平均値」や「中央値」とは違って，文字情報も扱える。これらのうちどれを代表値として採用するかは，データの性質，データ分布の様相，分析の目的によって判断される。データに統計的な処理を施した数値を「統計量」とよぶが，本節では，統計量の一つである「代表値」について学ぶ。

1 算術平均

「算術平均」は，データの総和をデータの個数で割ったものである。5人のある試験の得点が45点，70点，52点，83点，100点のとき，この5人の得点を代表する値として算術平均を用いる。$(45+70+52+83+100) \div 5 = 70$ より，70点という代表値が得られる。算術平均は，極端に大きな値や極端に小さな値がない場合は代表値として妥当であることが多い。「算術平均」は「相加平均」ともよばれる。

2 中央値

中央値，あるいは中位数という代表値はデータを小さい順や大きい順に並べたときの順位が真ん中のデータの値である。中央値はそれより大きい値をとるデータの数と小さい値をとるデータの数が同数となる代表値であり，偏りのある（左右対称でない）データ群を代表するときにも代表性が損なわれにくい。また，極端な値の影響をうけづらい代表値でもある。データ数が偶数であるときは，真ん中の二つの数値の算術平均値を中央値とする。

中央値はこのように，他の数値と離れた値（「異常値」や「外れ値」と言われる）の影響を受けにくい代表値である。また，経済データによくみられる左右対称でない分布の代表値としても使用されることがよくある。

[練習問題1]　1, 2, 3, 4, 5の算術平均と中央値を求めよう。また，1, 2, 3, 4, 100の算術平均と中央値を比較してみよう。

また，データを小さい順に並べてその並びを四分割したとき，下から$\frac{1}{4}$の順位にあるデータを第一四分位数，下から$\frac{2}{4}$，つまり$\frac{1}{2}$の順位にあるデータを第二四分位数，$\frac{3}{4}$の位置にあるデータを第三四分位数という。四分位数は，データの順位をどのように考えるかによってわずかに異なる

ことがある。データ数が大きいときはこのような違いは大きな問題にはならない。第三四分位数と第一四分位数の差を「四分位範囲」，四分位範囲の $\frac{1}{2}$ を「四分位偏差」という。

【Excelで代表値を計算してみよう】

ここまで学んできた「(算術) 平均」と「中央値」と「四分位数」をExcelで求めるときは，以下の関数を使用すればよい。

算術平均は「= AVERAGE（データ）」
中央値は「= MEDIAN（データ）」
四分位数は「= QUARTILE.EXC（データ，1または2または3）」

Excel の関数の利用方法には，
1) 「数式入力ボタン」を使用する方法
2) 関数名をキーボード入力する方法

の2つの方法がある。どちらの方法でも利用できる関数は同じである。Excelで計算するときは，あらかじめシート上にデータを入力しておき，答を表示したいセルをアクティブ（クリックして緑の枠線が出ている状態）にしておくとよい。計算に使用するデータがセルA1からA10に入力されているときは，A1：A10と，「：」を使ってデータ範囲を指定する。

1)「数式入力ボタン」を使用する方法

「合計」「平均」「数値の個数」「最大値」「最小値」の5つの統計量は**図表1-1**の オートSUM ボタンの▼をクリックすることで求められる。この方法での平均は算術平均である。何を計算するかを選んだあとはデータ範囲を正しく指定する。 オートSUM ボタンはホームメニューと数式メニューのどちらにも存在する。また，「合計」は， オートSUM ボタンの▼でないと

ころをクリックした方が効率が良い。データ範囲が正しいことを確認したら，Enter キーを押す。

図表1-1　オートSUMボタンの▼

この▼をクリック

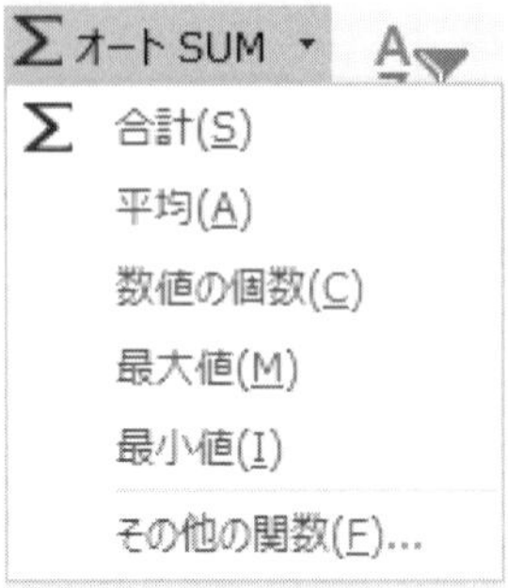

「合計」「平均」「数値の個数」「最大値」「最小値」以外の統計量は，一番下に出ている「その他の関数」を選ぶか，数式メニューの 関数の挿入 ボタンを使用する。となりの オートSUM ボタンを使用してもよい。

図表1-2　数式メニューの「関数挿入」ボタンと「オートSUM」ボタン

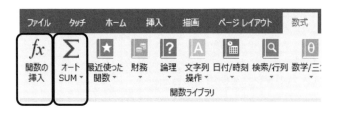

図表1-3は「その他の関数」を選ぶか 関数の挿入 ボタンをクリックをしたときに表示される「関数の挿入」ウィンドウである。中央値を求めるときは，関数の検索ボックスに「中央値」と入力して 検索開始 ボタンをクリッ

クする。「MEDIAN」と入力して 検索開始 ボタンをクリックしてもよい。

図表1-3　中央値の求め方

　四分位数を求めるときは関数の検索ボックスに「四分位数」と入力する。「QUARTILE」でも，「QUARTILE.EXC」でもよい。中央値や四分位数などは日本語でも検索できるが，使用頻度の低い関数だと日本語を入力しても検索できないことがある。そのときは関数名をアルファベットで入力することになる。関数名の途中まででも検索できることもある。関数名が思い出せないときは，「関数の分類」を「統計」にしてアルファベット順に並ぶ関数名から探す。すでに使用したことがある関数は，「関数の分類」を「最近使った関数」にすると「関数名」のリストに表示されるので，検索せずにダイレクトにその関数をクリックしてもよい。なお，算術平均はAVERAGE，中央値はMEDIAN，四分位数はQUARTILE.EXC（あるいはQUARTILE.INC）である。

図表1-3の状態で，関数名を選んで OK ボタンをクリックすると引数(ひきすう)を指定するウィンドウが開かれるので各ボックスで適切に指定していく。中央値の引数の数値1にセル範囲を指定すれば数値2のボックスは空欄のままでよい。数値1，数値2，とデータの数値を一つずつ入力する方法もある。一つずつ入力する場合は255個まで指定できる。引数の指定を終えたら，OK ボタンをクリックするか Enter キーを押すと答が表示される。

[練習問題2] Excelで次のデータの算術平均と中央値を求めよ。
　　セルA1に10，A2に20，A3に30，A4に40，A5に50，A6に60，A7に70，A8に80，A9に90，A10に100と入力して，A11に算術平均を，A12に中央値を計算してみよう。

[練習問題3] B1からB5に10，20，30，40，1000と入力して，算術平均と中央値を求め，その違いを確認しよう。

　四分位数に関しては，引数を2つ指定する必要があり，第1引数はデータ範囲，第2引数は，第一四分位数か第二四分位数か第三四分位数かを識別する働きがある。
　まず，QUARTILE.EXC関数を試してみよう。
　第1引数（配列）にはデータが入力されている範囲を指定する。
　第2引数（戻り値）で1を入力すると第一四分位数，2は第二四分位数，3は第三四分位数を求めることができる。
　なお，四分位数の関数としては「QUARTILE.EXC」と「QUARTILE.INC」がある。QUARTILE.EXCでは，第一四分位数はQUARTILE.INCより小さく，第三四分位数は大きい。つまり，QUARTILE.EXCはQUARTILE.INCより外側の値を返してくる。データ量が大きいときは，QUARTILE.EXCとQUARTILE.INCで分析上大きな違いはない。

[練習問題4]　C1からC20に10, 20, 30と10刻みに200まで入力し, C21にQUARTILE.EXCで第一四分位数, C22に第二四分位数, C23に第三四分位数を求めよ。C21の引数は配列がC1：C20, 戻り値は1である。
　　　　　D21とD22とD23を使用してQUARTILE.INC関数も試してみよう。小さい順に並んでいないデータでも試してみよう。（同じ結果になる。）

2）関数名をキーボード入力する方法

　関数名を正確に記憶していて, 関数ごとの引数がよくわかっている場合は, =をつけて関数名をキーボード入力する方が効率的である。

　半角の = や（ や）,（引数を区切るためのコンマ）などの記号も, すべて半角で入力する習慣にしておくとよい。アルファベットの大文字と小文字の違いは区別されないので, どちらを使用しても, 混合して使用してもよい。

　20, 83, 8, 3, 79, 50, 55, 12, 35 の9個のデータの平均と中央値と四分位数を求める関数の入力例を**図表1-4**にあげる。B列に9つのデータが入力されている。

　平均を求めるには
① B11セルをクリックしてアクティブにする。
② 半角で = A V E R A G E (とタイプする。
③ マウスでB1からB9までドラッグすると, AVERAGE（のあとにB1:B9と表示されるので, そのセル範囲が正しいことを確認して ） とタイプして, Enter キーを押す。
　すぐに答が表示される。範囲は「B1:B9」とキー入力してもよい。

　中央値を求める関数は = MEDIAN, 四分位数を求める関数は = QUARTILE.EXC, あるいは, = QUARTILE.INCである。四分位数を求める

関数には，データ範囲のあと，半角の , で区切って第二引数を数字の1か2か3で指定する必要がある。

図表1-4のように，データを入力して，「平均」「中央値」「四分位数（2種）」を試してみよう。

図表1-4　Excelで平均と中央値と四分位数を求める関数の入力例

	A	B	C	D	E	F	G	H	I
1		20							
2		83							
3		8							
4		3							
5		79							
6		50							
7		55							
8		12							
9		35							
10									
11	平均	=AVERAGE(B1:B9)							
12	中央値	=MEDIAN(B1:B9)							
13	第1四分位数	=QUARTILE.EXC(B1:B9,1)				第1四分位数	=QUARTILE.INC(B1:B9,1)		
14	第2四分位数	=QUARTILE.EXC(B1:B9,2)				第2四分位数	=QUARTILE.INC(B1:B9,2)		
15	第3四分位数	=QUARTILE.EXC(B1:B9,3)				第3四分位数	=QUARTILE.INC(B1:B9,3)		

平均は38.333…，中央値は35，QUARTILE.EXCの第一四分位数は10，第二四分位数は35，第三四分位数は67，QUARTILE.INCの第一四分位数は12，第二四分位数は35，第三四分位数は55であることを確認しよう。

3　パーセンタイル

パーセンタイル（あるいはパーセンタイル値）は，実社会でよく使われている。データを1つの代表値で表すというよりは，全体のなかでどの位置にどのような値があるかを調べるものである。「このデータの20パーセンタイル値は

○○」というような使われ方をし、「下位 20 % のところにあるデータの値は○○」ということになる。

　パーセンタイルの計算方法については厳密に定義されたものはないが、25 パーセンタイルは全体の下から $\frac{1}{4}$ の位置にあるデータの値、50 パーセンタイルは下から $\frac{1}{2}$ の位置にあるデータの値、75 パーセンタイルは下から $\frac{3}{4}$ の位置にあるデータの値と考えればよい。四分位数とは異なり、10 パーセンタイル、20 パーセンタイル、80 パーセンタイルというように、任意の区切りを用いることができる。

　本書ではデータ数を n として、求めるデータの順番を、25 パーセンタイルなら $(n+1) \times 0.25$ 番目、50 パーセンタイルなら $(n+1) \times 0.5$ 番目、75 パーセンタイルなら $(n+1) \times 0.75$ 番目というように小数点第 2 位か第 3 位ぐらいまできちんと計算して、その順番に該当するデータの値を計算する方法を紹介する。

　データ数が 10 個のとき、25 パーセンタイルの値は小さい方から、$11 \times 0.25 = 2.75$ 番目、50 パーセンタイルの順位は $11 \times 0.5 = 5.5$ 番目、75 パーセンタイルの順位は $11 \times 0.75 = 8.25$ 番目である。

　10 個のデータが、25、64、100、18、84、64、22、64、5、63 であったとき、小さい順に並べると、5、18、22、25、63、64、64、64、84、100 である。25 パーセンタイル値は、2.75 番目、つまり、2 番目の 18 に、18 と 22 の間（= 4）の 75 %、つまり、$4 \times 0.75 = 3$ を 18 に加えて 21 とする。同様に考えて、50 パーセンタイル値は 5 番目の 63 と 6 番目の 64 の中間の 63.5、75 パーセンタイル値は 8 番目の 64 と 9 番目の 84 の間の 1/4 の 69 である。

図表 1-5　パーセンタイルの順位の考え方（$n=10$ のとき）

	何番目か	計算方法
25 パーセンタイル	$11 \times 0.25 = 2.75$	2 番目の値と 3 番目の値の 0.75、つまり 3/4 のところ
50 パーセンタイル	$11 \times 0.5 = 5.5$	5 番目の値と 6 番目の値の真ん中
75 パーセンタイル	$11 \times 0.75 = 8.25$	8 番目の値と 9 番目の値の 0.25、つまり 1/4 のところ

Excel の ＝ PERCENTILE.EXC や ＝ PERCENTILE.INC も試してみよう。

問題1.1 25, 64, 100, 18, 84, 64, 22, 64, 5, 63 の 80 パーセンタイル値を求めよ。筆算で計算した結果と ＝ PERCENTILE.EXC, および ＝ PERCENTILE.INC の結果を比較してみよう。

4　最　頻　値

最も頻度が高くあらわれるデータを「最頻値」という。ある 5 人の試験の点数が 25 点, 60 点, 65 点, 65 点, 100 点であったとき, 最頻値は 65 点である。最頻値は, 数値以外のデータ群を代表することもできる。あるゼミの 10 人の学生の服の色が, 黒, 赤, 茶, 黒, 灰色, ベージュ, 赤, 灰色, 灰色, 茶であったとき, このときの学生の服の色の最頻値は「灰色」である。最頻値は「モード（mode）」ともよばれる。Excel で数値データの最頻値を求める関数は ＝ MODE. SNGL である。

[練習問題5]　Excel で 60, 70, 80, 60, 80, 60 の最頻値を求めよ。

5　幾　何　平　均

データをすべて掛け合わせた値の「データ個数のべき乗根（累乗根ともいう）」を「幾何平均」, または「相乗平均」という。「データ個数のべき乗根」とは, データ数が 3 個のときは $\frac{1}{3}$ 乗した値であり, データが 10 個のときは $\frac{1}{10}$ 乗した値である。1 と 4 の幾何平均は, $1 \times 4 = 4$ の $\frac{1}{2}$ 乗の 2 である。（べき乗根で $\frac{1}{2}$ 乗したものだけ特別に「平方根」とよぶ。）$\frac{1}{2}$ 乗や $\frac{1}{3}$ 乗や $\frac{1}{10}$ 乗など, 聞きなれない計算方法かもしれないが, **図表1-6**で確認してみてほしい。

第1章　代表値と散らばりについて

図表1-6　べき乗根について

表記	計算の意味	計　算　例
$\sqrt{}$	$\frac{1}{2}$乗	$\sqrt{4}=2$, $\sqrt{9}=3$, $\sqrt{16}=4$, $\sqrt{25}=5$, $\sqrt{100}=10$
$\sqrt[3]{}$	$\frac{1}{3}$乗	$\sqrt[3]{8}=2$, $\sqrt[3]{27}=3$, $\sqrt[3]{64}=4$, $\sqrt[3]{125}=5$, $\sqrt[3]{1000}=10$
$\sqrt[4]{}$	$\frac{1}{4}$乗	$\sqrt[4]{16}=2$, $\sqrt[4]{81}=3$, $\sqrt[4]{256}=4$, $\sqrt[4]{625}=5$, $\sqrt[4]{10000}=10$
$\sqrt[10]{}$	$\frac{1}{10}$乗	$\sqrt[10]{1024}=2$, $\sqrt[10]{59049}=3$, $\sqrt[10]{1048576}=4$, $\sqrt[10]{9765625}=5$

算術平均が「足して，足して，…，データ個数で割る」であるのに対して，幾何平均は「掛けて，掛けて，…，データ個数のべき乗根」を求めるものである。3と4と5の幾何平均は$(3\times4\times5)^{\frac{1}{3}}=\sqrt[3]{3\times4\times5}=3.91486764\cdots$である。（小数点以下の桁数をすべて表示しきれないとき，本書では…と表現する。）

$\sqrt[3]{}$の3は$\sqrt{}$と一体化したもので，ルートの左の折り返しのV字型の上に小さい3が乗っているものである。3と$\sqrt{}$が横並びになる$3\times\sqrt{}$という意味の$3\sqrt{}$とは全く異なる計算になる[1]。また，小さい数字のつかない$\sqrt{}$は小さな2を省略したものであり，ルートの中の数字の$\frac{1}{2}$乗を表す。

4を3回掛けると64になるので，$\sqrt[3]{64}=4$である。一方，大きな3を用いる$3\sqrt{64}$は，$3\times\sqrt{64}=3\times8=24$である。

幾何平均の計算方法

幾何平均の計算方法は以下の2つの方法がある。
1) Excelの＝GEOMEAN関数を使用する。
2) スマートフォンの電卓を横長にするか横にスワイプして $\boxed{\ \wedge\ }$ ボタンを使用する。

1) ExcelのGEOMEAN関数を使用する

セルにデータとなる数字を入力しておくか，＝GEOMEAN関数の引数にセル範囲を指定するか，計算対象となる数値を半角，で区切って指定する。

10と100と1000の幾何平均は＝GEOMEAN（10,100,1000）

[練習問題6]　Excelで10と100と1000の幾何平均を求めよ。

2)　スマートフォンの普通の電卓を横長にするかスワイプして $\boxed{\wedge}$ を使用する

$\boxed{\wedge}$（機種によって$\boxed{X^Y}$）は，べき乗を表すボタンである。スマートフォンを横長にしたとき，このボタンがあるかどうか確認しよう。横長にすれば必ずある。

図表1-7　スマートフォンの$\boxed{\wedge}$ボタン（例）

2の3乗は8であるが，その計算は
$\boxed{2}$ $\boxed{\wedge}$ $\boxed{3}$ $\boxed{=}$ で求められる。
幾何平均で用いる1/3乗などは，1/3が（1÷3）であることを利用して，
$\boxed{\wedge}$ $\boxed{(}$ $\boxed{1}$ $\boxed{\div}$ $\boxed{3}$ $\boxed{)}$ $\boxed{=}$
とすればよい。1/10乗であれば，^(1÷10)である。

例題：「8」の3乗根と4乗根を求めてみよう。操作方法は，以下のボタンをひとつひとつ確実にタップしていく。

第1章　代表値と散らばりについて

```
3乗根　8　^　（　1　÷　3　）　=
4乗根　8　^　（　1　÷　4　）　=
```

8の1/3乗は2であり，1/4乗は1.68179283…である。また，2の3乗は8であり，1.68179283の4乗はほぼ8であることも確かめよう。（2^3= で8。1.68179283^4= で8になる。）

問題1.2　3，4，5，6の4つの数の幾何平均を求めよ。

問題1.3　1から10までの10個の整数の幾何平均を求めよ。

問題1.4　ある商店の売上が1昨年は50万円，昨年も50万円，今年は100万円であった。この2年間にこの商店の売上は何倍ずつ拡大していったのと同じになるだろうか。

幾何平均は，GDPや物価上昇率というような，対前年伸び率が問題になるときに使用される平均である。たとえば，10年間の対前年伸び率の幾何平均はこの10年間，「毎年同じ伸び率（幾何平均値）で成長していったのと同じ」ということを表す。

なお，第4章で紹介する関数電卓では $\boxed{\char"5E}$ ボタンと同じ働きをするボタンは $\boxed{X^Y}$ ボタンである。

問題1.5　=GEOMEAN関数の練習として**図表1-8**のように1994年度から2017年度までの日本の実質GDPの平均伸び率を計算してみよう。平均伸び率は対前年伸び率の幾何平均である。年ごとに報道されるGDP伸び率とは，対前年伸び率から1を引いてパーセントで表したものである。

表の作り方

①　**図表1-8**をみて「日本の1994年度から2017年度の実質GDP」の表のA

列とB列を作成する（列幅は適宜調節）。

② C列の「対前年伸び率」は，その年のGDPを前年のGDPで割る式を入力する。C2は前年データがないので空欄にし，C3には＝B3/B2と入力し，その式を2017年までコピーする。

このような準備をしてからC27に幾何平均の関数（＝GEOMEAN）を入力する（**図表1-8**参照）。引数（計算対象）はC3：C25である。

問題1.6 Excelか関数電卓で（531404÷425434）の1/23乗を求めてみよう。その結果と**問題1.5**で求めた幾何平均からどのようなことが考えられるか。なお，531404は**図表1-8**の2017年のGDPで425434は1994年のGDPである。

ステップアップ

D1に，「平均伸び率による成長」と入力して，1994年の欄は空欄，1995年の欄には1994年のGDPにC27を掛けた式を，1996年の欄には一つ上のセルにC$27を掛けた式を入力して，その式を2017年までコピーしてみよう。2017年にはGDPと平均伸び率による成長が同額になること，また，**図表1-9**のような関係であることを確認してみよう。

※1　グラフにはA列とB列とD列を使用する。C列をはずした範囲を選択するには，まず，A1：B25を範囲選択し，マウスから手をはなしてから左手で Ctrl キーを押し，押し続けながら右手のマウスでD1：D25を選択する。D列を選択し終わったら，キーボードからもマウスからも手をはなす。この操作は関係のないセルをクリックしたりすると失敗する。失敗したときは，A1：B25の選択からやり直す。グラフの種類は「折れ線」である。

※2　縦軸の最小値を400000にするには，縦軸を右クリックして「軸の書式設定」を選択して，右側のウィンドウの「最小値」を400000に書きかえて Enter キーを押す。（または，縦軸をクリックして「書式」ウィンドウの「選択対象の書式設定」ボタンをクリックして，右側のウィンドウの「最小値」を書きかえる。）ただし，見る人の理解をゆがめる意図でグラフの縦軸の最小値を変えて「違いを強調」したり，「変化率を強調して表現」してはいけない。また，自分もグラフを見るときは縦軸の最小値に注意する習慣をつけよう。

第1章　代表値と散らばりについて

図表1-8　日本の1994年度から2017年度の実質GDP（単位：十億円）

	A	B	C
1	年	GDP（単位：十億円）	対前年伸び率
2	1994年	425,434	
3	1995年	437,100	
4	1996年	450,650	
5	1997年	455,499	
6	1998年	450,360	
7	1999年	449,225	
8	2000年	461,712	
9	2001年	463,588	
10	2002年	464,135	
11	2003年	471,228	
12	2004年	481,617	
13	2005年	489,625	
14	2006年	496,577	
15	2007年	504,792	
16	2008年	499,271	
17	2009年	472,229	
18	2010年	492,023	
19	2011年	491,456	
20	2012年	498,803	
21	2013年	508,781	
22	2014年	510,687	
23	2015年	517,601	
24	2016年	522,457	
25	2017年	531,404	
26			
27		幾何平均→	

出所：内閣府ホーム＞統計情報・調査結果＞国民経済計算（GDP統計）より年次GDP実額の実質GDPをダウンロード。http://www.esri.cao.go.jp/jp/sna/menu.html
実データの小数点以下を四捨五入した値。

図表 1-9　実質GDPの実変動と幾何平均で求めた伸び率の関係

日本の実質GDP

凡例：GDP（単位：十億円）　・・・幾何平均の伸び率のGDP

　日本の GDP などのデータをインターネットからダウンロードする場合は，内閣府や総務省統計局のデータを使用するとよい。**図表 1-8** のデータは「内閣府 GDP」で検索し，不要な列を削除したものである。

　省庁のホームページから Excel データをダウンロードすると，データ表が大きくて驚くことが多い。大きな表から必要なデータを自分で見つけ出し，不必要なデータを削除してすっきりさせてから分析作業に入るべきである。

　セルに「########」と表示されているのは，セルの幅が狭くて数値を表示しきれないためである。そのセルの列の幅を広げると数値が表示される。

　また，項目名などの文字列が途中で見えなくなっているのも列幅が狭いためなので，列幅を広げる。列の幅を広げずに文字列の全体を表示させるには，そのセルを「右クリック」→「セルの書式設定」→「配置」で，「**折り返して全体を表示する**」にする。（またはそのセルをクリックしてアクティブにして，ホームメニューのフォントグループの右下隅にある小さな矢印をクリックして「配置」パネルを選ぶ。）行番号に「折り返して全体を表示する」の設定をしてもよい。また，この操作をしなくても，セルの高さを高くしたうえで文字列

中の任意の位置にカーソルを置いて，$\boxed{\text{ALT}}$ を押しながら $\boxed{\text{Enter}}$ キーで**セル内改行**を行ってもよい．

6 調和平均

　100km 離れた場所へ自動車を運転していくとき，前半の 50km は時速 50km で，後半の 50km は時速 60km で走行したときの平均時速は何 km になるかという問題には調和平均を用いるのが妥当である．このときの平均時速とは，100km 全体を同じ時速で走行したときの時速のことである．調和平均を計算する公式は以下のように表現される．

$$\frac{1}{調和平均} = \frac{1}{n}\left(\frac{1}{x_1} + \frac{1}{x_2} + \cdots + \frac{1}{x_n}\right)$$

　この場合の時速 50km と時速 60km の調和平均は，2種類の時速を x_1 と x_2 とし，調和平均の公式に $n=2$, $x_1=50$, $x_2=60$ を代入して計算すると，54.545454… となる．筆算で試してみよう．

$$\frac{1}{調和平均} = \frac{1}{2}\left(\frac{1}{50} + \frac{1}{60}\right) = \frac{1}{2} \times \frac{11}{300} = \frac{11}{600}$$

11 × 調和平均 = 600

調和平均 = 54.545454

　Excel で調和平均を求める関数は **＝HARMEAN** である．＝HARMEAN(50, 60) で上の問題を試してみよう．

　40km の道のりを，最初の 10km は時速 10km，次の 10km は時速 20km，次の 10km は時速 30km，最後の 10km は時速 40km で走行した場合，全体を通して時速何 km で走行したのと同じか？ という問題には調和平均を用いる．

$n=4$, $x_1=10$, $x_2=20$, $x_3=30$, $x_4=40$ として筆算で計算してもよいし，Excelの任意のセルに = HARMEAN (10, 20, 30, 40) と入力してもよい。この問題の調和平均は 19.2。40km 全体を時速 19.2km で走行したのと同じである。

ここまで説明してきた代表値は，Excel では以下の関数で求められる。関数名を入力する際には，= をつけて入力することに注意しよう。

算術平均	AVERAGE	中央値	MEDIAN	最頻値	MODE. SNGL
幾何平均	GEOMEAN	調和平均	HARMEAN		

なお，GEOMEAN 関数と HARMEAN 関数はデータに「0」があると「#NUM!」というエラーメッセージが表示されて計算されない。データに 0 が含まれないようにしてから GEOMEAN 関数や HARMEAN 関数を使用しよう。

第2節　散らばりを表す統計量

ある2つのクラスの試験の平均点が2クラスとも50点だったとする。しかし，1つのクラスは全員が45点から55点の間の得点で，もう1つのグループは0点から100点までさまざまな得点があり，最も頻度が大きかったのは30点台と70点台であった。

図表1-10のグラフの横軸の数字は，10は0点から10点以下を表し，20は10点より大きく20点以下を表している。3年2組では40（30点より大きく40点以下），80（70点より大きく80点以下）の度数（人数）が多い。

第1章　代表値と散らばりについて

図表1-10　代表値が同じで散らばりが違う例

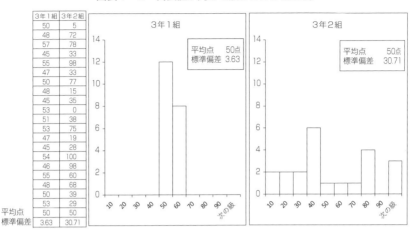

この2つのクラスの得点分布の違いは，代表値だけでは説明できない。代表値は同じ50である。このような場合は，2つのクラスで異なる「散らばり」を説明する何らかの統計量が必要になる。散らばりを表す統計量としては，「分散」や「標準偏差」がある。標準偏差は分散の平方根である。同じことだが，標準偏差を2乗すると分散になる。

図表1-10 の左下は2つのクラスの得点について，Excelで平均点と標準偏差を計算した例である。2クラスはともに平均点は50点だが，ヒストグラムからも散らばりが小さいことがわかる3年1組の標準偏差は3.63点，散らばりが大きい3年2組は30.7点である。

1　分散と標準偏差

分散の計算方法をここで確認しておこう。分散を計算するには，まず平均（算術平均）を計算しておかなければならない。本節で使用する平均はすべて算術平均である。分散は，「**各データと平均（算術平均）の差の2乗値の平均値**」である。

各データと平均との差が大きければ大きいほど「散らばりが大きい」と考えられる。ここで，各データと平均の差を「データ値－平均」としてひとつひとつ求めていくと，その値は正の数にも負の数にもなる。そしてその総和は必ず0になるのである。この，総和の0という数字は統計分析上，非常に扱いづらい。散らばりが大きいデータ群でも散らばりの小さいデータ群でも等しく0という同じ値になってしまう。

　そこで，各データから平均を引いた差そのものではなく，その差を2乗してすべて正の数にした値の平均値（2乗した値の総和をデータ数で割った値）を求め，それを「分散」とよぶ。「標準偏差」は分散の平方根である。分散は，計算の便宜上，データと平均との差を2乗しているが，そのことをキャンセルするために，平方根をとり，データの単位と合わせたのが標準偏差である。

図表1-11　分散と標準偏差

No.	① 平均を求める	② 各得点から平均を引く	③ （得点－平均）を2乗する	④ 2乗した値の総和をデータ数5で割る	⑤ 分散の平方根を求める
	得点	得点－平均	(得点－平均)^2		
1	60	0	0	150÷5＝30 これが分散	$\sqrt{30}$＝5.477 これが標準偏差
2	55	-5	25		
3	60	0	0		
4	70	10	100		
5	55	-5	25		

平均→　60

　ここで，分散と標準偏差という指標に合わせて，散らばりの推定値としての「不偏分散」をおぼえておこう。Excelでは，前述の分散（**図表1-11**で説明した分散）を「標本分散」とし，＝VAR.Pという関数で計算する。一方，これから説明する分散を「不偏分散」として＝VAR.Sという関数で計算する。

　統計学では，これから分析しようとしているデータが「分析しようとしているものの全体」なのか，それとも，「分析しようとしているものの一部（標本，

サンプルともいう）にすぎない」のかは重要である。

「分析しようとしているものの全体」が手元にあるとき，そのデータの散らばりを知りたいときは，データと平均との差の2乗値の総和をデータ数 n で割った「標本分散」を用いる。この「標本分散」という名称は上記の考えかたからするとまぎらわしいので注意すること。全体を意識しない標本内の分散とおぼえるとよい。

一方，「分析しようとしているもの一部（標本，サンプルともいう）」から「全体」の散らばりを推定したいときは，データと平均との差の2乗値の総和を $(n-1)$，すなわち，「データ数 -1」で割った「不偏分散」を用いる。データを x_i，平均を $\bar{x}$，データ数を n としたとき，「標本分散」と「不偏分散」はそれぞれ以下のように表される。なお，不偏分散は第5章での母分散の点推定に用いられる。ここで挙げたのは，Excelでは，標本分散は＝VAR.P，不偏分散は＝VAR.Sというように関数が異なるので，早くから意識しておく必要があるためである。

標本分散　　$\sum(x_i-\bar{x})^2/n$
不偏分散　　$\sum(x_i-\bar{x})^2/(n-1)$

「標本分散」であっても「不偏分散」であってもその平方根が「標準偏差」であることにかわりはない。

また，これらの値が大きいと散らばりが大きいことを表し，小さいと散らばりが小さいことを表す。データ数 n が大きな数であるときは「標本分散」と「不偏分散」の差は小さいので，分析上，大きな問題とはならない。ここでは，「標本分散」と「不偏分散」の違いについて，以下のように理解しておこう。

図表1-12 標本分散と不偏分散

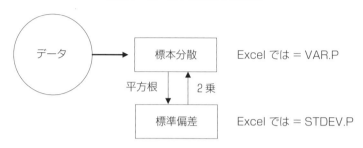

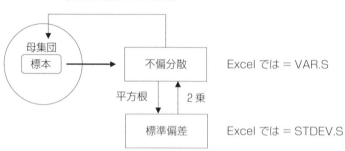

　この説明における$(n-1)$を統計学では「**自由度**」という。自由度とはその値を自由にとれるデータ数というようなイメージでとらえておこう。自由度は「d. f.」と表示されることもある。Degree of freedom である。

　Excelの関数では，標本分散は＝**VAR.P**，不偏分散は＝**VAR.S**，それぞれの平方根である標準偏差は＝**STDEV.P**，＝**STDEV.S**で求められる。

問題1.7 ある学校のAクラスとBクラスから偏りがない選び方で生徒を5人ずつ選び出してきて，試験の点数を調査した。Aクラスの5人の得点は45点，55点，40点，60点，50点でBクラスの5人の得点は10点，80点，50点，60点，50点であった。ともに，平均点は50点であることを確認し，それぞれの不偏分散と不偏分散の平方根である標準偏差を求めなさい。Excelを用

いて求めてもよい。

問題 1.8 操業中の工場で生産されるある製品 5 個の重量を計ったら，29，29，30，30，32 であった。不偏分散と標準偏差を求めよ。

2 変動係数

これまで，平均が同じときに標準偏差が散らばりの指標になると説明してきたが，平均が異なるときは標準偏差をそのまま散らばりの指標としていいものだろうか。

図表 1-13 は平成 29 年の 1 月から 12 月の雇用形態別の雇用者数である。月ごとの変動（散らばり）をみるために，標準偏差だけをみていいのだろうか。

標準偏差は，平均が大きいとそれにつれて大きな値になりがちである。そこで，標準偏差を平均で割った値に 100 をかけた「変動係数」を考える。変動係数は以下の式で計算される。

変動係数＝標準偏差÷平均×100

「正規の職員・従業員」と「非正規の職員・従業員」の標準偏差を比較すると，正規の方が散らばりが大きいように感じられる。しかしその標準偏差を平均で割って 100 を掛けた変動係数を計算してみると，非正規の方が散らばりが大きいのである。

図表 1-13　平成 29 年雇用形態別労働者数

平成29年の雇用者実数（単位：万人）

	雇用者	役員を除く雇用者	正規の職員・従業員	非正規の職員・従業員	パート	アルバイト	労働者派遣事業所の派遣社員	契約社員	嘱託	その他
1月	5793	5455	3407	2047	1012	436	124	284	113	78
2月	5754	5402	3397	2005	985	422	132	273	112	82
3月	5728	5375	3376	1998	979	415	132	285	113	73
4月	5757	5404	3400	2004	994	401	133	288	117	71
5月	5796	5441	3437	2003	986	388	132	298	122	77
6月	5848	5505	3457	2046	991	413	139	300	124	79
7月	5839	5497	3429	2068	1005	422	140	300	119	82
8月	5840	5476	3421	2054	1006	417	138	289	126	1278
9月	5866	5511	3483	2028	995	412	140	293	116	71
10月	5877	5525	3485	2041	1003	412	136	291	118	81
11月	5865	5518	3456	2061	1001	428	134	293	127	78
12月	5863	5522	3441	2081	1006	438	130	301	128	80
平均	5818.83	5469.25	3432.42	2036.33	996.92	417.00	134.17	291.25	119.58	77.50
標準偏差	49.04	50.64	32.73	27.12	9.75	13.35	4.52	7.85	5.47	3.73
変動係数	0.84	0.93	0.95	1.33	0.98	3.20	3.37	2.70	4.57	4.81

出所：e-Stat（政府統計の総合窓口）の「労働力調査」より（https://www.e-stat.go.jp/stat-search/files?page=1&layout=datalist&toukei=00200531&tstat=000000110001&cycle=0&tclass1=000001040276&tclass2=000001011681&second2=1）のデータから著者作成。

[練習問題7]　図表 1-13 で非正規の「パート」「アルバイト」「労働者派遣事業所の派遣社員」「契約社員」「嘱託」「その他」の変動係数を計算して図表 1-13 の表示が正しいかを確認してみよう。

第3節　パーソナル・コンピュータを用いた分析

1　Excel標準アドインのデータ分析を使用する

　本節では，パーソナル・コンピュータで計算しながら統計学を学ぶのに便利なExcel標準アドインの「データ分析」について説明する。Excel標準アドインの「データ分析」を使いこなせるようになればその人の統計学の知識に応じて様々な分析が行える。Excel標準アドインのメニューを**図表1-14**に示す。

図表1-14　「データ分析」のメニュー

分散分析：一元配置
分散分析：繰り返しのある二元配置
分散分析：繰り返しのない二元配置
相関
共分散
基本統計量
指数平滑
F検定：2標本を使った分散の検定
フーリエ解析
ヒストグラム
移動平均
順位と百分位数
回帰分析
サンプリング
t検定：一対の標本による平均の検定
t検定：等分散を仮定した2標本による検定
t検定：分散が等しくないと仮定した2標本による検定
z検定：2標本による平均の検定

アドイン方法

　以下の操作をするとデータメニューの右端に「データ分析」ボタンが追加される。

① 画面上部のファイルメニューから「オプション」を選ぶ。
② 基本設定の中から「アドイン」を選ぶ。
③ 管理(A)：の欄が「Excel アドイン」になっていることを確認して「設定」をクリック。
④ 下から2番目の「分析ツール」をチェックして OK ボタンをクリック。

データメニューの右端に「データ分析」が表示されるようになる。この操作は一度行えば，同じ手順で「データ分析」のチェックをはずさない限りアドインされた状態が保たれる。「データ分析」が表示されないときは，「分析ツール」のチェックをはずしてからもう一度アドインする。

図表1-15 データメニューに「データ分析」が表示されたところ

この「データ分析」のメニューは，基本的な統計手法を集めたもので，Excelの関数でも計算できるものがほとんどである[2]。

表示される18種類のメニューのうち，本章の内容に関係するのは，「**基本統計量**」である。「基本統計量」を選ぶと，一度に「平均」「標準誤差」「中央値」「最頻値」「標準偏差」「分散」等を一覧表で得ることができる。ただし，ここで求められる統計量はデータを母集団から抽出された「標本（サンプル）」とみなしたものである。したがって，ここで求められる「分散」は「不偏分散」で，「標準偏差」も不偏分散の平方根である。

「標準誤差」[3]は「標準偏差」を，「データの個数」の平方根で割ったもので，「尖度」はデータの集中度を，「歪度」はデータ分布の左右対称性に関する統計量である。

この機能を試してみるために，まず，分析の対象となるデータを用意する。**図表 1-16** のように 2 クラスで 30 人分の得点データを入力してみよう。

図表 1-16 2 クラス30人の得点

	A	B	C
1	出席番号	Aクラス	Bクラス
2	1	45	60
3	2	50	100
4	3	55	20
5	4	50	0
6	5	55	80
7	6	45	65
8	7	45	40
9	8	50	15
10	9	50	50
11	10	55	60
12	11	50	40
13	12	50	90
14	13	50	100
15	14	45	10
16	15	55	20

データ分析で基本統計量を求める手順

① データメニューから「データ分析」を選び，「基本統計量」を選択して OK ボタンをクリック。
② **図表 1-17** のように，入力範囲を $B$1 から $C$16 とし，データ方向は「列」，「先頭行をラベルとして使用」の□をクリックしてチェックマークを表示させる。
③ 出力先を任意に指定する。**図表 1-17** ではセル E1 としている。
④ 「統計情報」にチェックを入れて， OK ボタンをクリックする。

指定が必要なところは,「入力範囲」「データ方向」「先頭行をラベルとして使用」「出力先」「統計情報」の5か所である。

図表1-17　基本統計量の設定

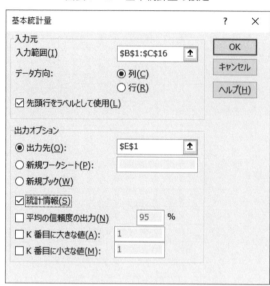

図表1-18　基本統計量の出力結果

Aクラス		Bクラス	
平均	50	平均	50
標準誤差	0.9759	標準誤差	8.521681
中央値（メジアン）	50	中央値（メジアン）	50
最頻値（モード）	50	最頻値（モード）	60
標準偏差	3.779645	標準偏差	33.00433
分散	14.28571	分散	1089.286
尖度	-1.07692	尖度	-1.18612
歪度	0	歪度	0.134111
範囲	10	範囲	100
最小	45	最小	0
最大	55	最大	100
合計	750	合計	750
データの個数	15	データの個数	15

第1章　代表値と散らばりについて

　この結果をみて，AクラスとBクラスではこの標本から見る限り平均点は同じだが，散らばりに差があることがわかる。そのことは，最頻値や範囲からも読み取れる。Aクラスの母集団の分散は14.28571，Bクラスの母集団の分散は1089.286である。尖度は0であれば，正規分布[4]とほぼ同じ尖り具合であることを表す。尖度が大きいほど尖りが鋭くて裾も厚くなる。尖度が小さいときは尖りが緩やかで裾が短い。**図表1-18**の尖度の値は，2クラスともマイナスであり，はっきりしたピークがあるとはいえない。

図表1-19　尖度による分布のちがい

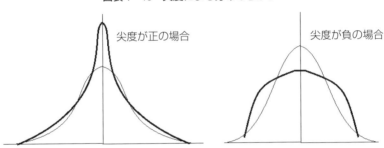

　歪度は0が左右対称であることを表し，正の数であれば右に裾を引く分布，負の数であれば左に裾を引く分布である。右に裾を引くとは，ごく少数，高得点の者が存在するということである。Aクラスは左右対称，Bクラスもほぼ左右対称とみなせるが，少しだけ右に裾を引く分布になっているのかもしれない。

図表1-20　歪度

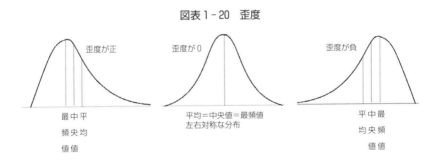

ステップアップ

　図表1-17の「統計情報」の下の「平均の信頼度の出力」に95％のままチェックをいれると，出力の一番下に「信頼度(95.0％)(95.0％)」という欄が出る。この値を平均から引いた値が「母集団の平均の95％信頼区間の下限」であり，この値を平均に加えた値が「母集団の平均の95％信頼区間の上限」である。この問題のこの欄は，Aクラスが2.093…，Bクラスが18.277…であり，平均は両クラスとも50なので，Aクラスの母集団の平均は95％の確率で，47.9069…から52.093…の間にあると推定され，Bクラスの母集団の平均は95％の確率で31.7228…から68.277…の間にあると推定される。

2　関数でひとつひとつの統計量を求める

　Excel標準アドインは便利であるが，一つの統計量だけを計算したいときや，計算結果を一つのセルに表示したいようなときには使いづらい。Excel標準アドインで求められた統計量に対応する関数を**図表1-21**にあげた。

図表1-21　Excelの基本統計量に関する関数

平均	＝AVERAGE(データ) オートSUMボタンの「平均」と同じ計算をする。
標準誤差	標準偏差÷データの個数の平方根。
中央値	＝MEDIAN(データ)
最頻値	＝MODE.SNGL(データ)
標準偏差	標本分散の平方根としての標準偏差＝STDEV.P(データ) 不偏分散の平方根としての標準偏差＝STDEV.S(データ)
分散	標本分散＝VAR.P(データ)　不偏分散＝VAR.S(データ)
尖度	分布が尖っているか，平坦に近いかをみる。尖度が正ならば尖っており，負ならば平坦に近い。関数は＝KURT(データ)
歪度	分布が左右対称か非対称かをみる。歪度が正ならば右に裾をひき，負ならば左に裾をひく。関数は＝SKEW(データ)
範囲	最大値－最小値
最小値	＝MIN(データ)　オートSUMボタンの「最小値」と同じ。
最大値	＝MAX(データ)　オートSUMボタンの「最大値」と同じ。
合計	＝SUM(データ)　オートSUMボタンの「合計」と同じ。
データの個数	＝COUNT(データ)　オートSUMボタンの「数値の個数」と同じ。

第1章　代表値と散らばりについて

[練習問題8]　図表1-16の任意のセルに＝AVERAGE（B2:B16）と入力してAクラスの平均点を計算し，図表1-19と同じになるか確認しよう。標準誤差の計算には平方根を求める関数を使用する。平方根を求める関数はSQRTである。したがって，標準偏差をデータ個数の平方根で除する標準誤差は＝STDEV.S（B2:B16）/SQRT（COUNT（B2:B16））で計算される。Aクラスに関する別の関数やBクラスに関する関数を試してみよう。

コラム：データの種類

　本章でここまで扱ってきたデータは，最頻値以外は数値で表現され，四則演算の対象になるものであった。このようなデータを「**量的データ**」という。第4章ではこの量的データを「**離散型**」と「**連続型**」の2つのグループに分けて考える。
　一方，数値でないデータ，あるいは，見かけは数値であるが内容は数値でないデータを「**質的データ**」といい，この「**質的データ**」は「**名義型**」と「**順序型**」の2つのグループに分けられる。「名義型データ」はアンケート調査での回答者の性別が「男性」なら1，「女性」なら2とするものである。「順序型データ」はアンケートの5段階評価などが考えられる。順序型データでは，1と2の間と2と3の間など値間が等間隔でなくてもよい。このような「質的データ」は四則演算や平均を求める等の計算には適合しない[5]。

〔第1章　問題の解答〕

問題 1.1　$(10+1) \times 0.8 = 8.8$。5, 18, 22, 25, 63, 64, 64, 64, 84, 100の8番目は64, 9番目は84。したがって，$64 + (84-64) \times 0.8 = 80$。答は80です。　＝PERCENTILE.EXC（データ範囲, 0.8）＝80，＝PERCENTILE.INC（データ範囲, 0.8）＝68。

問題 1.2　4.355877174693。

問題 1.3　4.528728688117。

問題 1.4　一昨年から昨年は1倍，昨年から今年は2倍。$\sqrt{1 \times 2} = \sqrt{2} = 1.414213562$で約1.41421倍ずつになったのと同じ。

問題 1.5　幾何平均は1.009717026（小数点第10位を四捨五入）。
　　　　　毎年0.97％成長したのと同じ。（幾何平均－1が0.97％）
　　　　　小数点以下の桁数は，各自で適当と思われる桁数表示でよい。

問題 1.6　1.00971702564…。問題1.5の答とほぼ同じ。

「最終年のGDP÷最初の年のGDP」は1年刻みの対前年伸び率を掛け合わせたものと同じであることがわかる。

問題 1.7 Aクラスの不偏分散62.5，標準偏差7.9057。
Bクラスの不偏分散650，標準偏差25.4951。

問題 1.8 不偏分散1.5，標準偏差1.224745。

〔注〕
1) スマートフォンの無料アプリの関数電卓等では表示がまぎらわしい。画面表示では $\sqrt[3]{}$ 3$\sqrt{}$ との区別がつかない。無料アプリの関数電卓では，このこと以外は表示が紛らわしいことは本書で扱う範囲ではみうけられない。
2) 「分散分析」「t検定」「z検定」「F検定」はグループの平均の違いが有意なものか誤差の範囲のものかを調べるためのものであり，本書の第5章で学ぶ。
3) 母集団から抽出された標本の平均は正規分布し，標準誤差はこの正規分布の標準偏差でもある。(第5章で学ぶ)
4) 正規分については第4章で説明する。自然界のさまざまな分布の標準形とされる分布。
5) Excelではデータの種類を明確に意識することは少ないが，統計ソフトのSPSSでは，変数ビューの「尺度」で「名義」「順序」「スケール」を選ぶようになっており，「量的データ」なら「スケール」，「質的データ」なら「名義」か「順序」に設定する。データの種類が不明なら「不明」を選択できる。

〔参考文献〕

市原清志・佐藤正一 『カラーイメージで学ぶ統計学の基礎 第2版』日本教育研究センター 2011年3月15日

金子治平・上藤一郎編 大井達雄・田中力・長澤克重・御園謙吉・安井浩子・良永康平 『よくわかる統計学 Ⅰ 基礎編［第2版］』ミネルヴァ書房 2015年2月20日

木下宗七編 『入門統計学［新版］』有斐閣 2011年2月20日

小林道正 『経済・経営のための統計教室 －データサイエンス入門－』裳華房 2016年10月28日

宮川公男 『基本統計学［第3版］』有斐閣 2004年5月30日

渡辺 洋 『心理・教育のための統計学入門』金子書房 1996年7月15日

第2章　度数分布とクロス集計と時系列データ

第1節　度数分布表とヒストグラム

ある工場で製造した部品から50個を標本として取り出して重さを計測した結果が**図表2-1**である。

図表2-1　部品50個の重さ（単位：g）

299.96	299.99	300.00	299.97	300.14	300.05	299.97
299.92	300.00	299.98	299.98	300.01	300.04	300.03
300.02	299.96	300.00	299.86	299.96	300.05	299.98
299.98	299.99	300.00	299.99	300.02	299.93	299.99
299.98	299.92	300.00	300.04	300.05	299.99	300.00
300.06	299.99	300.00	300.01	299.95	300.00	300.03
300.01	300.03	300.10	299.95	300.03	300.02	300.00
300.03						

　この50個の重さの度数分布表を作成するとき，まず，最小値や最大値について調査し，どのぐらいの刻み幅でデータをまとめるかを決める。各刻み幅ごとにその範囲に含まれるデータの個数を一覧表にしたものが度数分布表である。刻み幅ごとのまとまりを「階級」という。「刻み幅」は「階級の幅」ともいう。階級の幅は一定であることが望ましいが，最小値や最大値の周辺でデータの個数が極端に少なくなる場合や外れ値（「異常値」ともいう。他のデータと著しく異なる値）などの関係で，最小値や最大値周辺の階級の幅を大きくしたほうがわかりやすくなることもある。そのため，ある値以下を一つの階級にまとめ

たり，ある値以上を一つにまとめたりすることもある。

またデータ分布に1つだけピーク（峰：他の階級より多い度数が観測される）がある場合，そのピークが，その属する階級の中央になるように配慮すべきである。度数分布表を作成する前からピークがわかっているとは限らないので，度数分布表は何度か作り直すことも多い。

図表2-1の例では最小値が299.86であり，最大値が300.14で，その差は0.28である。直感的に階級の幅を0.05として図表2-2のように7つの階級に分けるのが妥当と考えられる。この階級の数を決定するときに参考になるものとして，**スタージェスの公式**というものがあり，「階級数＝1＋$\log_2$（データ数）」で計算される。$\log_2$（データ数）とは底が2，真数がデータ数である。データ数が50の場合は1＋$\log_2 50$＝1＋5.64＝6.64である。しかし，スタージェスの公式はあくまでも参考にとどめ，データ数がいくつであっても，度数分布表の階級数はおおむね7〜15程度が取り扱いやすいとされる。

図表2-1の例では，階級幅が0.05で，ピークが300近辺にあることにより，「299.975から300.025」を中心に，「299.875以下」「299.875より重く299.925以下」「299.925より重く299.975以下」「299.975より重く300.025以下」「300.025より重く300.075以下」「300.075より重く300.125以下」「300.125より重く300.175以下」の7つの階級による度数分布表を作成したものが図表2-2の左2列である。この場合は度数分布表における階級の境目は「より重く」と「以下」である。境目には「未満」「以下」「以上」「より大きい」「より小さい」等が使用できるが，度数分布表内で統一しておくべきである。

図表2-2には度数分布のほかに累積度数，相対度数，相対累積なども併記してある。

階級を決める際は，最小値と最大値の他に平均値も参考にすること。

第2章　度数分布とクロス集計と時系列データ

図表2-2　部品の重さの度数分布表（左2列）および関連する統計量

階　級	度数分布	累積度数	相対度数	相対累積
299.875以下	1	1	2.0%	2.0%
299.875〜299.925	2	3	4.0%	6.0%
299.925〜299.975	8	11	16.0%	22.0%
299.975〜300.025	26	37	52.0%	74.0%
300.025〜300.075	11	48	22.0%	96.0%
300.075〜300.125	1	49	2.0%	98.0%
300.125〜300.175	1	50	2.0%	100.0%

　図表2-3は図表2-2の度数分布にもとづいて作成されたヒストグラムである。横軸の目盛りには注意すべきである。図表2-3はExcelで作成したため，299.975と表示されている階級には，299.925より重く299.975以下の度数がかぞえられている。図表2-2の度数分布表の作成時にもこの階級の設定方法が採用されている。ここであげた例はExcelの仕様に従っているが，それ以外の階級の設定方法でも，統一された方法が採用されていればよい。

図表2-3　ヒストグラム

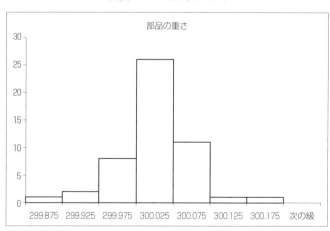

度数分布表やヒストグラムを作成するときに留意すべき点を以下に記す。
① 階級の幅は一定にすることが望ましい。最小値や最大値に近い領域では階級幅を大きくした方がよい場合がある。階級幅を大きくした階級は，元の階級幅の何倍にしたかをヒストグラムの柱の幅に反映させる。（縦棒の横幅に反映させる。後に度数多角形を作成するようなときにこの幅が意味をもつ）
② 図表2-2の度数分布表の階級は，たとえば，299.875〜299.925であれば，299.875より大きく，299.925以下としている。この場合はExcelで度数分布表とヒストグラムを作成することを前提にExcelの仕様にあわせてこのような階級の取り方をした。度数分布表やヒストグラムの目盛りについては個々の分析でどの方法を採用しているかをよく意識しておこう。
③ ピークが1つあるデータの分布のピークを含む階級では，ピークがその階級の中央になるように配慮する。

1 度数分布表から平均値を求める

ここで，度数分布表から平均値（算術平均）を求める方法を学ぶ。データが度数分布表でしか提供されていない場合に適用される。度数分布表からデータ全体の平均値を求めるには，**階級を代表する階級値にその階級の度数を掛け合わせた総和を総データ数で割る**ことで求められる。階級値はその階級幅の中央値を採用することが多い。

ある試験を1万人に対して実施し，そのうち1,000人を無作為抽出して得点分布を調べたところ，**図表2-4**のようになった。この度数分布表から全受験生の平均点を推計するにはどうしたらよいだろうか。

図表 2-4　得点分布

得点	人数
0点～20点以下	25
20～40点	70
40～60点	330
60～80点	525
80～100点	50

① まず，各階級を代表する値（階級値）を求める。最初の階級の階級値は10，次の階級の階級値は30，次は50，次は70，次は90とする。
② 各階級で，「階級値×人数」を計算し，その合計値を総人数（1000）で割った値がこの度数分布表から求められる平均値である。60.1になる。

2　Excelを使用して度数分布表とヒストグラムを作成する

ここでは，Excelで度数分布表を作成する3つの方法を紹介する。
1) Excel標準アドインの「データ分析」の「ヒストグラム」を使用する。この機能では度数分布表とヒストグラムを同時に作成することができる。
2) FREQUENCY関数を使用する。
3) ピボットテーブルを使用する。

操作の説明をする前に，**図表2-1**のデータを**図表2-5**のようにExcelのA列とB列に入力しておいてほしい。さらにD列に度数分布表の区間を入力しておく。区間は階級を表す。A列とB列には50個のデータが入っているので，51行目まで使う。

図表2-5　度数分布表とヒストグラムのデータ（区間入り）

	A	B	C	D	E	F
1	i	重さ（g）		区間		
2	1	299.96		299.875		
3	2	299.99		299.925		
4	3	300.00		299.975		
5	4	299.97		300.025		
6	5	300.14		300.075		
7	6	300.05		300.125		
8	7	299.97		300.175		
9	8	299.92				

1) Excel標準アドインのデータ分析で度数分布表とヒストグラムを作成する

① データメニューから「データ分析」を選択し「ヒストグラム」を選択して OK ボタンをクリックする。「データ分析」が表示されないときは27ページのアドイン方法でアドインする。

② 「入力範囲」をB1:B51とし，「データ区間」をD1:D8として，「ラベル」にチェックを入れる。もし，「データ区間」を指定しなければ，Excelが適当に階級を設定する。

③ 「出力先」は任意。**図表2-6**ではH1としているが，H1以外のセルでも，新規ワークシートでも，新規ブックでもよい。

④ 「グラフ作成」にチェックを入れて， OK ボタンをクリックする。ヒストグラムの元になる棒グラフと度数分布表が作成される。

図表2-6 Excelの「データ分析（ヒストグラム）」の設定

	A	B	C	D	E	F	G
1	i	重さ（g）		区間			
2	1	299.96		299.875			
3	2	299.99		299.925			
4	3	300.00		299.975			
5	4	299.97		300.025			
6	5	300.14		300.075			
7	6	300.05		300.125			
8	7	299.97		300.175			
9	8	299.92					
10	9	300.00					
11	10	299.98					
12	11	299.98		最小値	299.86		
13	12	300.01		最大値	300.14		
14	13	300.04		範囲	0.28		
15	14	300.03		平均	300.00		
16	15	300.02					
17	16	299.96					
18	17	300.00					
19	18	299.86					
20	19	299.96					
21	20	300.05					
22	21	299.98					
23	22	299.98					
24	23	299.99					
25	24	300.00					
26	25	299.99					
27	26	300.02					
28	27	299.93					
29	28	299.99					

ヒストグラム ダイアログ：
- 入力元
  - 入力範囲(I): $B$1:$B$51
  - データ区間(B): $D$1:$D$8
  - ☑ ラベル(L)
- 出力オプション
  - ◉ 出力先(O): $H$1
  - ○ 新規ワークシート(P):
  - ○ 新規ブック(W)
  - ☐ パレート図(A)
  - ☐ 累積度数分布の表示(M)
  - ☑ グラフ作成(C)

[OK] [キャンセル] [ヘルプ(H)]

　ここで，区間の設定方法に注意しよう。Excelの「データ分析」では，前の階級の値より大きく，自分の階級の値以下という仕様である。299.875の区間には0より大きく，288.875以下のデータ数（度数）がカウントされ，次の

299.925 の階級には 299.875 より大きく，299.925 以下のデータ数（度数）がカウントされる。

また，入力範囲とデータ区間にはともに，先頭行にラベル（「i」とか「重さ(g)」とか「区間」）をつけておいた方が Excel では操作性がよい。

図表 2-6 のように設定すると，H1 から I9 に度数分布表，その右側に棒グラフが表示される。この棒グラフをヒストグラムにするには，任意の棒を右クリックして「**データ系列の書式設定**」を選択し，「要素の間隔」を 0 にする。（あるいは，任意の棒をクリックして画面上部の書式メニューの「選択対象の書式設定」ボタンをクリックして「要素の間隔」を 0 にする。）

図表 2-7　棒グラフの要素の間隔を 0 にしてヒストグラムにする

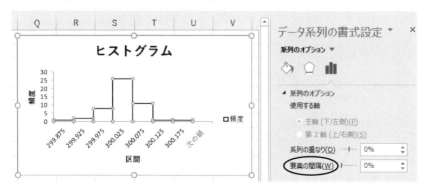

2) FREQUENCY 関数を使用する方法

FREQUENCY 関数は，連続した範囲の複数のセルに答が表示される。このような連続した範囲に一度に答を表示する関数を含む数式を Excel では「配列数式」とよんでいる。配列数式を使用する場合ははあらかじめ答が表示される範囲を選択してから，関数名を入力し，引数を正しく指定したら，キーボードの，Shift キーと Ctrl キーを押しながら OK ボタンをクリックする。（または，Shift キーと Ctrl キーを押しながら Enter キー）。

ここで指定するデータ配列と区間配列にはラベル（重さや区間という文字が入力されているセル）を含まないことに注意しよう。50個の部品の重量の例では，

① あらかじめ，E2:E8を範囲選択する。縦に並んだ7つのセルならば，E2:E8でなくとも任意に範囲選択してよい。
② FREQUENCY関数を入力する。データ配列としてB2からB51，区間配列としてD2からD8を選択して，Shift キーと Ctrl キーを押しながら OK 。(Shift + Ctrl + Enter でもよい。) この操作でE2からE8に1, 2, 8, 26, 11, 1, 1と度数が表示される。

図表2-8　FREQUENCY関数の引数設定ウィンドウ

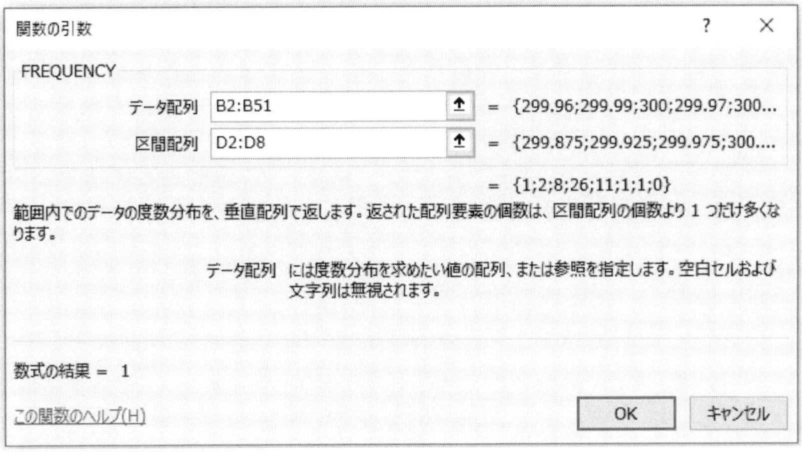

ヒストグラムを作成するには，度数の列だけを範囲指定して棒グラフを作成してから，要素の間隔を0にする。横軸の目盛りが正しく表示されないので，横軸を右クリックして「データの選択」を選び，横（項目）軸ラベルという文字の下の 編集 ボタンをクリックして，D2:D8と設定して OK ボタンをクリックする。

3) ピボットテーブルを使用する方法

ピボットテーブルは，本来は縦と横に項目があるクロス集計表をつくるためのものだが，縦にだけ項目がある度数分布表もつくることができる。

① 挿入メニューから［ピボットテーブル］を選択する。
② 分析するデータの選択では，「テーブルまたは範囲を選択」でB1:B51を指定する。
③ 「ピボットテーブル レポートを配置する場所」としては，既存のワークシートでピボットテーブルを作成したいセルを指定して OK ボタンをクリックする。
④ 画面右側に「ピボットテーブルのフィールド」ウィンドウが出てくるので「重さ（g）」を下の「行」のボックスへドラッグ＆ドロップする。さらにもう一度，上から「重さ（g）」を「Σ値」のボックスへドラッグ＆ドロップする。（**図表2-9**参照）
⑤ 画面上には不完全なピボットテーブルが表示される。
⑥ 「Σ値」の「合計／重さ（g） ▼」の▼をクリックして，「値フィールドの設定」を選んで，「選択したフィールドのデータ」で「個数」を選んで OK ボタンをクリックする。
⑦ 任意の行ラベルの数字をひとつ右クリックし，「グループ化」を選んで，（あるいは，アクティブにして分析メニューの「フィールドのグループ化」ボタンを選び，）先頭の値，末尾の値，単位のボックスにそれぞれ，299.875，300.175，0.05と指定する。（**図表2-10**と**図表2-11**参照。）
⑧ ヒストグラムは，画面上部の分析メニューから「ピボットグラフ」を選択して縦棒グラフを作成して要素の間隔を0にする。なお，画面右側に出るウィンドウを閉じたいときは，そのウィンドウの右上隅の × をクリックする。

第2章 度数分布とクロス集計と時系列データ

図表2-9 重さ(g)を2回ドラッグ＆ドロップしたところ

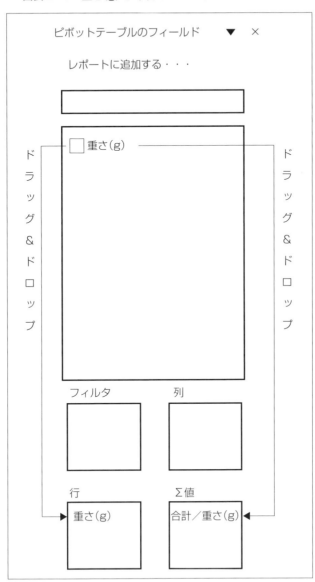

図表 2-10　値フィールドの設定

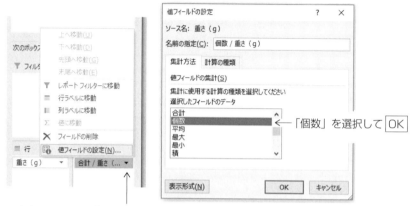

▼をクリックして「値フィールドの設定」を選択

図表 2-11　ピボットテーブルの行のグループ化

なお，度数が0の階級は以下の操作をしないとピボットテーブルには表示されない。(1) 階級を示す任意のセルを右クリック。(2)「フィールドの設定」を選択。(3)「レイアウトと印刷」タブに切りかえて「データのないアイテムを表示する」にチェック。頻度の欄に0を表示させるには，もう一度階級を示す任意のセルを右クリック→「ピボットテーブルオプション」→「空白セルに表示させる値」に0を指定する。

第2節　クロス集計表

　クロス集計表は Excel では「ピボットテーブル」の機能で作成することが多い。ピボットテーブルは前節で説明したように度数分布表を作成することもできるが、本来は行と列に複数の項目が並ぶクロス集計表のための機能である。

　Excel のピボットテーブルは、難しい操作をしないでドラッグ＆ドロップでクロス集計表を作成できて便利であるが、よく使い慣れておかないと、データを修正したときや操作ミスの修正が正しく反映されたか確信がもてなくなることがある。したがって、ピボットテーブルは完成された表を元にして、ゆっくり確実に操作して使用するべきである。さらに、データ範囲に入力されているデータの形式（文字データ、数値データの別、日付の形式など）がきちんと統一されている必要がある。データで使用される言葉の統一も結果に影響する。また、ピボットテーブルは元の表とのリンクを保持している。ピボットテーブルを二次使用することは避けたほうがよい。

　下図（**図表 2-12**）のようなクロス集計表を作成したい場合は、行に性別、列に年代、Σ値にもう一度年代をドラッグ＆ドロップする。（**図表 2-14** 参照）

図表 2-12　クロス集計表の構造

	30代	40代	50代	60代
男性				
女性				

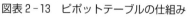

図表2-13 ピボットテーブルの仕組み

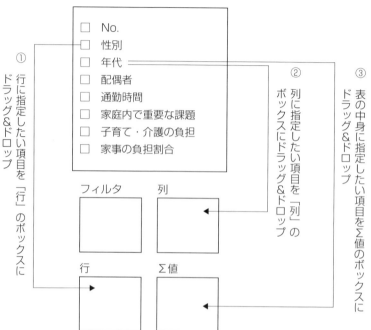

　図表2-14はある事業所のアンケートの結果で，30人分のデータである。このアンケート結果はピボットテーブルを説明するために著者が作成した架空のデータである。このデータを使ってピボットテーブル機能でクロス集計表を作成してみよう。

第2章　度数分布とクロス集計と時系列データ

図表2-14　クロス集計用データ

No.	性別	年代	配偶者	通勤時間	家庭内で重要な課題	子育て・介護の負担割合（％）	家事の負担割合（％）
1	男性	50代	同居	30分以内	介護	10	10
2	男性	40代	別居	30分以内	小学生の子育て	1	1
3	男性	40代	同居	30分以内	小学生の子育て	30	15
4	女性	60代	同居	30分以内	介護	100	80
5	男性	30代	同居	30分以内	乳幼児の子育て	30	35
6	男性	30代	同居	30分以内	乳幼児の子育て	20	30
7	女性	50代	同居	30分以内	介護	7.5	80
8	男性	40代	同居	30分以内	小学生の子育て	3	8
9	男性	30代	別居	30分以内	乳幼児の子育て	5	100
10	女性	40代	別居	30分以内	小学生の子育て	80	70
11	男性	50代	同居	30分以内	小学生の子育て	5	5
12	男性	50代	同居	30分以内	介護	20	10
13	女性	50代	なし	60分以内	介護	0	100
14	男性	50代	同居	30分以内	介護	30	5
15	男性	50代	同居	30分以内	なし	5	0
16	男性	50代	なし	30分以内	介護	10	10
17	男性	30代	同居	30分以内	乳幼児の子育て	40	50
18	女性	50代	別居	30分以内	介護	100	100
19	男性	50代	同居	30分以内	小学生の子育て	30	10
20	男性	30代	同居	30分以内	乳幼児の子育て	10	30
21	男性	50代	同居	60分以内	介護	50	30
22	男性	40代	同居	30分以内	乳幼児の子育て	20	10
23	男性	50代	別居	30分以内	介護	10	30
24	男性	30代	同居	30分以内	配偶者の妊娠	10	10
25	男性	60代	同居	なし	介護	10	30
26	男性	40代	同居	30分以内	乳幼児の子育て	20	10
27	男性	30代	同居	30分以内	乳幼児の子育て	10	5
28	男性	30代	同居	30分以内	乳幼児の子育て	10	20
29	男性	30代	同居	30分以内	乳幼児の子育て	5	5
30	男性	50代	同居	60分以内	介護	10	10

　まず，このアンケートを正しく理解するため，以下の説明のもとでデータをみてみよう。

　アンケート項目は，**性別**（男性，女性），**年代**（30代，40代，50代，60代），

配偶者（同居：同居する配偶者がいる　別居：別居する配偶者がいる　なし：配偶者なし），**通勤時間**（30分以内は通勤時間30分以内　60分以内は30分より長く60分以内　60分以上は60分より長く），**家庭内で重要な課題**（妊娠，配偶者の妊娠，乳幼児の子育て，小学生の子育て，介護，なし），**子育て・介護の負担割合**（単位は％）と**家事の負担割合**（単位は％）は家庭内における本人の負担割合。

【ピボットテーブルでクロス集計表を作成してみよう】
　まず，アンケートに回答した30人の性別・年代別の構成をみてみよう。

① 挿入メニューの左端にある「ピボットテーブル」ボタンをクリック。
② 「テーブルまたは範囲を選択」では表全体（項目行を含む）を指定。
③ 「ピボットテーブル　レポートを配置する場所」はピボットテーブルを表示させる（出力させる）場所をきいている。新規ワークシートか，あるいは既存のワークシートの配置したいセル（J2など）をクリックして OK ボタンをクリック。指定したセルを左上隅としてピボットテーブルが出力される。
④ 画面右側に「ピボットテーブルのフィールド」ウィンドウが開く。「性別」を「行」ボックスへ，「年代」を「列」ボックスへドラッグ＆ドロップする。
⑤ もう一度「年代」を，今度はΣ値のボックスにドラッグ＆ドロップして完成。（Σ値のボックスに入れるのは「年代」以外の項目でも度数がかぞえられるものならどの項目でもよい。）

図表2-15 アンケートに答えた30人の性別・年齢別構成

個数/年代	列ラベル				
行ラベル	30代	40代	50代	60代	総計
女性		1	3	1	5
男性	9	5	10	1	25
総計	9	6	13	2	30

クロス集計表の最も右側の列と最下段の行の「総計」の欄に表示される数字を「**周辺度数**」という。

※ 行ラベルや列ラベルの▼をクリックして「昇順」や「降順」を選ぶことで表示順を変更できる。また，表示させたい項目だけを指定することもできる。

このように，行と列で項目を設定できるクロス集計を「**二次元集計**」ともいう。前項で学んだ度数分布表は一次元集計である。二次元集計において因果関係を想定してクロス集計表を作成する場合は，行に原因，列に結果を指定するのが一般的である。

応用1 クロス集計表からグラフを作成しよう

作成されたピボットテーブルを選択して（ピボットテーブル内の任意のセルをクリックする），画面上部の分析メニューから「ピボットグラフ」を選択。「縦棒」の「集合縦棒」「積み上げ縦棒」「100％積み上げ縦棒」などから，目的に合ったグラフを作成。同じ方法でいろいろなグラフをためしてみよう。

応用2 年代別割合を計算したクロス集計表を作成してみよう

アンケート回答者の性別ごとに年代の構成割合の項目を増やした表を作成してみよう。以下の操作はピボットテーブルやピボットグラフ以外のセルをアクティブにしてから実行する。

① 挿入メニューから［ピボットテーブル］を選択する。
② テーブル／範囲には表全体を指定する。
③ ピボットテーブルを配置する場所は任意で指定して OK ボタンをクリックする。
④ 性別→行ボックス，年代→列ボックスル，年代→Σ値ボックス，もう一度，年代→Σ値ボックスへドラッグ＆ドロップする。
⑤ Σ値ボックスにある二つ目の「個数／年代2」の右端の▼をクリックして「値フィールドの設定」を選択する。
⑥ 「計算の種類」パネルを選び，「計算なし」となっているところの右側の∨をクリックしてを「行集計に対する比率」を選択して OK ボタンをクリックする。必要であれば，この ウィンドウの左下の 表示形式 ボタンをクリックして表示形式を整える。

図表2-16　年代別構成割合つきのクロス集計表の設定

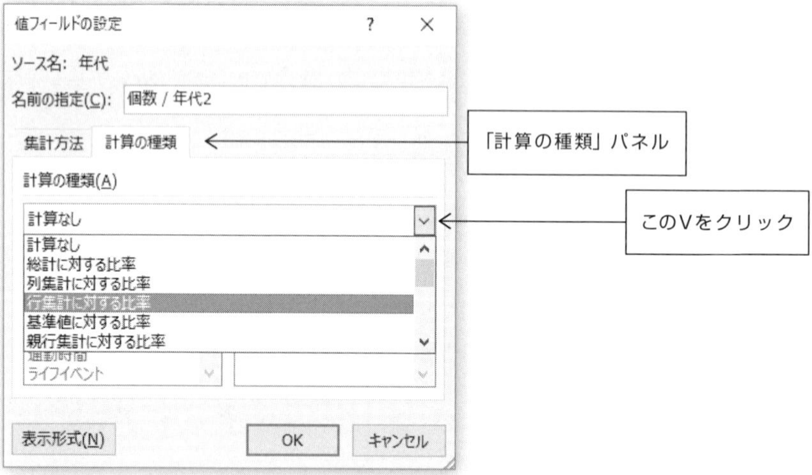

第2章　度数分布とクロス集計と時系列データ

図表2-17　年代の構成割合つきのクロス集計表

行ラベル	列ラベル 30代		40代		50代		60代		全体の個数 / 全体の個数 / 年代2	
	個数 / 年代	個数 / 年代2	個数 / 年代	個数 / 年代2	個数 / 年代	個数 / 年代2	個数 / 年代	個数 / 年代2		
女性		0.00%	1	20.00%	3	60.00%	1	20.00%	5	100.00%
男性	9	36.00%	5	20.00%	10	40.00%	1	4.00%	25	100.00%
総計	9	30.00%	6	20.00%	13	43.33%	2	6.67%	30	100.00%

[練習問題1]　列ラベルの任意の「個数／年代2」を「構成割合」に書き換えてみよう。(「個数／年代2」のセルをどれか1つ選択して構成割合と入力するとすべての「個数／年代2」が「構成割合」に変わる。または「値フィールドの設定」ウィンドウの「名前の指定」のボックスの「個数／年代2」を「構成割合」に書き換える。)

[練習問題2]　性別年代別の「家事の負担割合」の平均を求めてみよう。(図表2-18参照) 同様に,「子育て・介護の負担割合」も調べてみよう。

図表2-18　性別年代別の家事の負担割合の平均

平均 / 家事の 性別	年代 30代	40代	50代	60代	総計
女性		70.0	93.3	80.0	86.0
男性	31.7	8.8	12.0	30.0	19.2
総計	31.66666667	19	30.76923077	55	30.3

※1　年代ごとに列の幅が不ぞろいで見づらいときは,ピボットテーブル内のセルをクリックしてから画面上部の「デザイン」メニューの「レポートのレイアウト」ボタンを選択し,「表形式で表示」にする。
※2　行のボックスに複数の項目をドラッグ&ドロップすることもでき,性別・年代別の家事の負担割合などを分析することもできる。

なお,前述したとおり,ピボットテーブルは元の大きな表とのリンク情報を含んでいる。したがって,出来上がったピボットテーブルをそのまま直接別の

分析に使用したり，ピボットテーブルそのものをχ^2検定などに使用するなどはしないほうがよい。ピボットテーブルをコピー＆ペーストする場合は「値の貼り付け」をすれば，元の表とのリンクはなくなる。小さなクロス集計表であれば，ピボットテーブルの各項目の数字を目で見て，キーボード入力しなおしてもいいだろう。

第3節　時系列データ

　時系列データとは，時間の経過とともに変化する値のことである。時系列データを扱うときに，季節調整がなされているかいないかを確認した方がよい場合がある。季節調整とは，月や季節による変動を除く作業である。また，月や季節の影響だけでなく，大きな災害や世界的な経済動向の影響にも調整を行うことがある。官庁が発表するデータは，うるう年，曜日，月末の曜日，休日等の影響も調整されるものがある。前年同月比や前年同期比という比較方法もあるが，それは季節調整とは別のものである。季節調整の方法としては「X-12-ARIMA」あるいは「X-13-ARIMA」が多い。これらの二つの調整法は米国センサス局などが開発したもので，世界的に広く利用されている。「X-12-ARIMA」と「X-13-ARIMA」は基本的には大きな違いはないとされている。

　本章では，時系列データの取り扱いについて「移動平均法」と「指数平滑法」の基本を紹介するにとどめる。

1　移動平均法

　移動平均法は，平均値を算出する範囲を時間の経過とともにずらしていく方法である。株価データのグラフをみたとき，「13-week MA」や「26-week MA」という線を目にすることがある。これは直近13週の平均や26週の平均を計算したもので，実際の株価変動より，13週移動平均はやや緩やかに，26週移動平均はさらに緩やかになっている。

Excel 標準アドインの「データ分析」を用いるには，データメニューから「データ分析」を選択し，「移動平均」を選択する。入力範囲はデータが入力されている列の全体，区間には 13（13 週移動平均の場合），あるいは，26（26 週移動平均の場合）と入力し，出力先を指定する。グラフ作成にチェックマークをつけたときは，実測値と予測値の 2 本の折れ線グラフが作成される。出力の最初の 12 個（13 週移動平均）や 25 個（26 週移動平均）に「＃N／A」と表示されるのは，計算に必要なデータがそろっていないことを示す。そのままにしておいてよい。

Excel を使いなれていれば，**図表 2-19** のようなデータがあれば，数式を一つ入力して下にコピーすれば求められることがわかるであろう。このとき，データが古い順に並んでいることが重要である。

図表 2-19　日経平均株価と TOPIX の週間データ（部分）

日付	日経平均株価	日経平均株価 13週移動平均	日経平均株価 26週移動平均	日付	TOPIX	TOPIX 13週移動平均	TOPIX 26週移動平均
2016年6月6日	16,601.36			2016年6月6日	1,330.72		
2016年6月13日	15,599.66			2016年6月13日	1,250.83		
2016年6月20日	14,952.02			2016年6月20日	1,204.48		
2016年6月27日	15,682.48			2016年6月27日	1,254.44		
2016年7月4日	15,106.98			2016年7月4日	1,209.88		
2016年7月11日	16,497.86			2016年7月11日	1,317.10		
2016年7月19日	16,627.25			2016年7月19日	1,327.51		
2016年7月25日	16,569.27			2016年7月25日	1,322.74		
2016年8月1日	16,254.45			2016年8月1日	1,279.90		
2016年8月8日	16,919.92			2016年8月8日	1,323.22		
2016年8月15日	16,545.82			2016年8月15日	1,295.67		
2016年8月22日	16,360.71			2016年8月22日	1,287.90		
2016年8月29日	16,925.68			2016年8月29日	1,340.76		
2016年9月5日	16,965.76			2016年9月5日	1,343.86		
2016年9月12日	16,519.29			2016年9月12日	1,311.50		
2016年9月20日	16,754.02			2016年9月20日	1,349.56		
2016年9月26日	16,449.84			2016年9月26日	1,322.78		

出所：「YAHOO ファイナンス」

図表 2-20 をみると，日経平均株価と TOPIX はほぼ同じ動きであることがわかる。移動平均線の見方としては，短期（13 週移動平均）が長期（26 週移動平均）を下から上へ貫いたときはそのあと株価が上昇しやすい傾向があり，逆に，短期が長期を上から下へ貫いたときはそのあと株価が下がりやすい傾向が

あるといわれている。

図表 2-20　日経平均株価とTOPIXの移動平均のグラフ

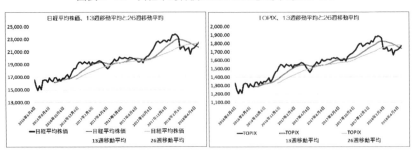

2　指数平滑法

指数平滑法は在庫管理や需要予測などに使用されるものであるが，ここでは，理解しやすい為替相場のデータで説明する。

指数平滑法では，直前の期の実測値（x_t）と直前の期の予測値（y_t）を使って次期（$t+1$期）の予測値を計算するものである。

基本的には以下の式で計算される。前述のとおり，xは実測値，yは予測値である。

$$y_{t+1} = a \times x_t + (1-a) \times y_t$$
$$= y_t + a\ (x_t - y_t)$$

ただし，$0 < a < 1$

Excel標準アドインの「データ分析」を用いるには，データメニューから「データ分析」を選択し，「指数平滑」をクリックして OK 。その際，「減衰率」の欄には上記の数式の$(1-a)$の値を入力する。$a=0.8$のとき減衰率は0.2である。

第2章 度数分布とクロス集計と時系列データ

図表2-21 対ドル円相場（部分）

	A	B	C	D	E
1	年月日	対ドル円相場	減衰率0.2の予測	減衰率0.5の予測	減衰率0.8の予測
2	2017年5月1日	112.71			
3	2017年5月8日	113.33			
4	2017年5月15日	111.26			
5	2017年5月22日	111.31			
6	2017年5月29日	110.4			
7	2017年6月5日	110.33			
8	2017年6月12日	110.84			
9	2017年6月19日	111.26			
10	2017年6月26日	112.35			
11	2017年7月3日	113.88			
12	2017年7月10日	112.5			

出所：「YAHOO ファイナンス」

図表2-22 指数平滑法による減衰率別の対ドル円相場予測

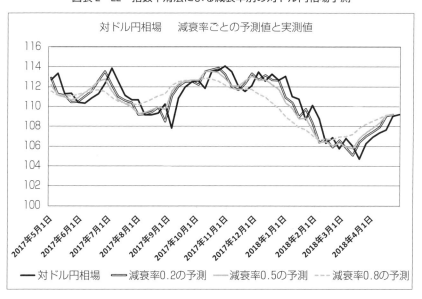

この対ドル円相場の例では、減衰率が大きくなるほど、つまり、a が小さくなるほど、実測値と離れていくことが観察された。直前の期の実測値と予測値

に重みをふりわけたとき，実測値への重みを軽くし，予測値への重みを重くするほど，当該期の予測の精度が低くなることが観察された。

〔参考文献〕

市原清志・佐藤正一　『カラーイメージで学ぶ統計学の基礎　第2版』　日本教育研究センター　2011年3月15日

金子治平・上藤一郎編　大井達雄・田中力・長澤克重・御園謙吉・安井浩子・良永康平　『よくわかる統計学　Ⅰ　基礎編［第2版］』　ミネルヴァ書房　2015年2月20日

木下宗七編　『入門統計学［新版］』　有斐閣　2011年2月20日

木村幸子　「スピードマスター　1時間でわかるエクセル　ピボットテーブル上級職の必須ツールを最短でマスター」　技術評論社　2016年9月15日

向後千春・冨永敦子　「ファーストブック　統計学がわかる」　技術評論社　2007年12月15日

小島寛之　『完全独習　統計学入門』　ダイヤモンド社　2017年4月26日

宮川公男　『基本統計学［第3版］』　有斐閣　2004年5月30日

季節調整法の変更について（総務省統計局）（www.stat.go.jp/data/kakei/point/pdf/point 12.pdf）（2018年5月現在）

Yahooファイナンス（https://stocks.finance.yahoo.co.jp/）（2018年5月現在）

第3章　相関関係と回帰分析

第1節　相関関係を表す相関係数

2つの変量の関係性を表すのが相関係数である。真夏の気温と電力消費量には関係がありそうだとか，寒い地域の真冬の気温と電力消費量にも関係がありそうだと考えたとき，その関係性を一つの数値で表せたら便利だろう。

図表3-1の左の表は6月1日から8月31日の広島県広島市の14時の気温と同日同時刻の中国地方の使用電力量，右の表は12月1日から3月2日の北海道札幌市の午前4時の気温と同日同時刻の北海道の使用電力量である。

図表3-1　広島市と札幌市の気温と使用電力量

月日 (2016年)	広島県広島市の14時の気温	中国地方のその日時の使用電力量 （実績：万kw）	月日 (2016年～2017年)	北海道札幌市の午前4時の気温	北海道のその日時の使用電量 （実績：万kw）
6月1日	27.0	755.8	12月1日	2.9	418.7
6月8日	25.6	769.5	12月8日	-4.4	451.4
6月15日	28.6	836.7	12月15日	-6.0	474.4
6月22日	23.1	799.0	12月22日	1.6	433.8
6月29日	22.3	782.1	12月29日	-3.2	450.7
7月6日	31.9	968.1	1月5日	-3.6	449.0
7月13日	25.7	878.8	1月12日	-9.8	500.9
7月20日	31.7	930.8	1月19日	-4	481.6
7月27日	31.3	963.9	1月26日	-3.7	482.2
8月3日	34.1	990.6	2月2日	-8.6	496.3
8月10日	34.7	980.2	2月9日	-3	444.2
8月17日	35.6	941.1	2月16日	-1.2	424.8
8月24日	31.6	1004.6	2月23日	-0.6	439.9
8月31日	29.4	816.9	3月2日	3.1	417.2

気温の出所:「気象庁」→「各種データ・資料」→「過去の気象データ・ダウンロード」→地点，項目，期間，表示オプションを選んでダウンロード。
(http://www.data.jma.go.jp/gmd/risk/obsdl/index.php# 2017年4月17日)。
使用電力量の出所:「中国電気　でんき予報」→「過去の電力使用実績」
(http://www.energia.co.jp/jukyuu/) より。北海道の電力使用量は「北海道電力　過去の電力使用状況データダウンロード」より。(http://denkiyoho.hepco.co.jp/download.html　2017年4月7日)。

　左の表は気温が高ければ電力使用量が増えることを表し，右の表は気温が低いと電力使用量が増えることを表している。冷房と暖房による電力使用量の増加と考えられるが，この二つの表が表す関係は，逆の関係であることに注目してほしい。左の表のように，一方の変量（気温）が大きくなれば，もう一方の変量（電力使用量）も大きくなる関係を「正の相関関係」という。正の相関関係では一方の変量が小さくなれば，もう一方の変量も小さくなる。逆に，右の表のように気温が小さく（低く）なれば電力使用量が大きくなる関係を「負の相関関係」という。負の相関関係では一方の変量が大きくなれば，もう一方の変量は小さくなる。

　広島市（左の表）の夏期の気温と電力使用量は正の相関関係，札幌市の冬期の気温と電力使用量は負の相関関係である。そこで，これらの関係性の強さを1つの数値で表すのが「相関係数」である。**相関係数は−1から1の間の値をとり，−1に近いほど負の相関関係が強く，1に近いほど正の相関関係が強い。**広島市の夏期の気温と電力使用量の相関係数は1に近く，札幌市の冬期の気温と電力使用量の相関係数は−1に近いことが予想されるだろう。実際にそれらの相関係数の値は0.83と-0.91である。以下に相関係数の計算方法を述べる。

　相関係数の計算方法については，次の式で表される。共分散は第1変量の各値と平均値との差と第2変量の各値と平均値との差の積の平均値である。**図表3-1**の例では，気温が第1変量，使用電力量が第2変量である。

第3章　相関関係と回帰分析

$$\text{相関係数} = \frac{\text{第1変量と第2変量の共分散}}{\text{第1変量の標準偏差×第2変量の標準偏差}}$$

つまり,「第1変量と第2変量の共分散」を「第1変量の標準偏差と第2変量の標準偏差の積」で割ったものである。なお,この式で用いられる標準偏差は標本分散の平方根である。

図表3-1の広島市の14時の気温の標準偏差は4.08,中国地方の使用電力量の標準偏差は87.77,気温と電力量の共分散は296.81であり,相関係数は**0.83**と計算される。一方,札幌市の午前4時の気温の標準偏差は3.71,北海道の使用電力量の標準偏差は26.93,気温と電力量の共分散は−90.72である。相関係数は**-0.91**と計算される。

以上のことをExcelの関数で確認するには,気温と電力量のデータを入力した後,気温を第1変量,電力量を第2変量として,共分散は=COVAR(第1変量のデータ範囲,第二変量のデータ範囲),標本分散の平方根である標準偏差は=STDEV.P(データ範囲)で求められる。また,相関係数を直接求める関数として,=CORREL(第1変量のデータ範囲,第2変量のデータ範囲)がある。

ここで注意してほしいのは,相関係数は2つの変量に「直線的な関係」が見いだされる場合について適用されるということである。「直線的な関係」とは「線形な関係」ともいわれ,二変量の散布図を描いたとき,点がほぼ直線に沿って分布していると想定される場合をさす。このため,相関係数を計算して示すと同時に散布図を描くことは重要である。散布図に直線的な関係が見いだされるときに,相関係数が意味をもつ。相関係数が1や-1となるとき,点は一直線上にぶれなく並ぶ。

次ページの**図表3-2**の右下の散布図の場合,相関係数を計算するとそれなりの数字が算出され,相関があるように感じられる。しかし,散布図を描いたときに直線関係を想定できない場合(たとえば二次関係など)は本章で説明し

61

た相関係数を求めることに意味がない。これらは「無相関」ということになる。このように相関がないのにあるように誤解してしまうことを避けるために相関係数を表記する際に，散布図も添えることが望ましい。**図表3-2**に本章で例とした広島市と札幌市の気温と電力のデータを散布図にしたものと，データ量を十分に多くとった散布図の例を示す。なお，広島市と札幌市の例では縦軸や横軸の最小値を0以外の値に変更しているが，相関関係そのものを調整してはいない。

図表3-2　相関係数と散布図

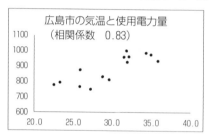
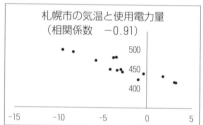
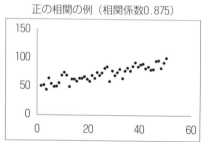
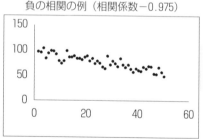
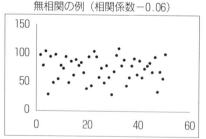
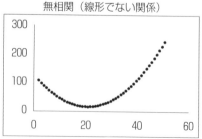

1 標準化変量を用いた相関係数の計算

相関係数は，前節で示した共分散を使用する公式の他に，2つの変量（気温と電力量）の「標準化変量」を使用することによっても求められる。相関係数は**2つの変量の標準化変量の積の平均値**という見方もできるのである。標準化変量とはすべてのデータにおいて，データの値から平均を引いて標準偏差で割ったものである。標準化変量は，x_i が各データ，$\bar{x}$ が平均，σ を標準偏差として，以下のように表される。

$$標準化変量 = \frac{データ値 - 平均}{標準偏差} = \frac{x_i - \bar{x}}{\sigma}$$

相関関係はこのようにして計算された2つの変量の標準化変量の積の平均（積の総和をデータの組数で割った値）である。

具体的な計算過程を以下に示す。

図表3-3は，**図表3-1**の広島市のデータで標準化変量を使用した相関係数の計算過程を説明したものである。**図表3-3**の相関係数は，気温の平均29.471と標準偏差4.081を使って「気温の標準化変量」を計算し，電力についても同様に「電力の標準化変量」を計算し，この2つの標準化変量の積の平均を計算したものである。この2つの標準化変量の積の平均が相関係数であり，その値は0.829となっている。

図表3-3 広島市の気温と電力量の標準化変量と相関係数

月日	気温	気温の標準化変量	電力量	電力量の標準化変量	標準化変量の積
6月1日	27.0	-0.606	755.8	-1.495	0.905
6月8日	25.6	-0.949	769.6	-1.338	1.269
6月15日	28.6	-0.214	836.7	-0.573	0.122
6月22日	23.1	-1.561	799.0	-1.003	1.566
6月29日	22.3	-1.757	782.1	-1.195	2.101
7月6日	31.9	0.595	968.1	0.924	0.550
7月13日	25.7	-0.924	878.8	-0.094	0.086
7月20日	31.7	0.546	930.8	0.499	0.272
7月27日	31.3	0.448	963.9	0.876	0.393
8月3日	34.1	1.134	990.6	1.180	1.339
8月10日	34.7	1.281	980.2	1.062	1.360
8月17日	35.6	1.502	941.1	0.616	0.925
8月24日	31.6	0.522	1004.6	1.340	0.699
8月31日	29.4	-0.018	816.9	-0.799	0.014

気温の平均	29.471	電力の平均	887.014	標準化変量の積の平均	0.829
標準偏差	4.081	電力量の標準偏差	87.766		↑相関係数↑

[練習問題1] 図表3-1のデータを使用して，札幌市の気温と電力量の相関係数を求めよ。

2 標準化の概念について

200点満点の英語の試験と100点満点の数学の試験の得点を分析する。平均点や標準偏差が異なる2つの試験の得点の優劣を判断することは難しい。このようなときに各値（得点）から平均点を引いた値を標準偏差で割ることによって，各得点が「平均点から，標準偏差の何倍離れているか」という標準化変量になり，平均や散らばりが異なる変量の優劣を比較しやすくなる。たとえば，**図表3-4**のA君の英語の素点は30点であるが，標準化変量は，得点30から平均点の108を引いて，標準偏差54.1369で割った値 -1.44079… となる。

第3章　相関関係と回帰分析

図表3-4　素点と標準化変量の違い

	英語 (200点満点)	数学 (100点満点)	英語の標準化変量	数学の標準化変量
A君	30	0	−1.4408	−1.6618
B君	68	78	−0.7389	0.6528
Cさん	108	45	0.0000	−0.3264
D君	165	57	1.0529	0.0297
Eさん	169	100	1.1268	1.3057

平均	108.0	56.0
標準偏差	54.1369	33.6987

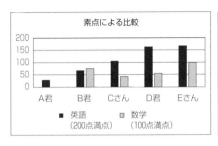

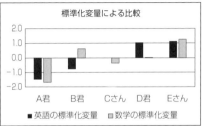

　それぞれの英語と数学の得点を標準化すると平均点より低いときはマイナスになる。この例ではすべての標準化変量の値は絶対値が2以下の範囲におさまっている。実際，標準化変量は絶対値がほぼ5以下におさまることが多い。**図表3-4**では標準化変量を用いたことにより，A君は両科目とも苦手で，Eさんは両科目とも得意，B君は英語が苦手で数学がまずまずできる，C君は数学が少し苦手，D君は英語が得意という特徴が読み取りやすくなっている。

問題3.1　図表3-4をみて，英語の標準化変量と数学の標準化変量の平均を求めなさい。

問題3.2　図表3-4から英語の標準化変量と数学の標準化変量の分散を求め

なさい。

※ 分散は各値から平均を引いた値の2乗値の平均であるが，標準化変量の平均は0であることがわかっているので，各値の2乗値の総和をデータ数の5で割ればよい。

標準化という概念は，平均点を基点にして（平均点を0にみなして），そこから標準偏差の何倍離れているかで各得点の位置を表現しなおしたものである。このことから，<u>標準化変量の平均は0，標準偏差および分散は1になる。</u>

この標準化変量の特徴を生かしたものとして「偏差値」がある。偏差値は，平均点と同じ得点の人が「偏差値50」となるようにしたものである。各人の得点と平均点の差が標準偏差の何倍かを表す数を10倍して，50に加えた値を偏差値とよぶ。

偏差値 ＝ 50 ＋ 標準化変量 × 10

問題 3.3 図表 3-4 から A 君，B 君，C さん，D 君，E さんの英語の偏差値を求めなさい。

問題 3.4 図表 3-4 から A 君，B 君，C さん，D 君，E さんの数学の偏差値を求めなさい。

コラム：相関係数が −1以上1以下である理由

2変量 x と y について，それぞれ n 個のデータをもち，x の平均を $\bar{x}$，標準偏差を σ_x，y の平均を $\bar{y}$，標準偏差を σ_y とする。標準化変量の積の平均が相関係数であること，標準化変量の分散（2乗値の平均）が1であること（**問題 3.2** 参照）を利用して以下の問題を考えてみよう。

x の標準化変量を u，y の標準化変量を v，つまり，

第3章　相関関係と回帰分析

$u_i = \dfrac{x_i - \bar{x}}{\sigma_x}$, $v_i = \dfrac{y_i - \bar{y}}{\sigma_y}$, $u_i v_i = \dfrac{(x_i - \bar{x})(y_i - \bar{y})}{\sigma_x \sigma_y}$ とする。

この u_i と v_i について $\dfrac{1}{n}\sum_{i=1}^{n}(u_i \pm v_i)^2$ という式を考える。この式は2乗値の平均を表すので非負である。

この式を展開していくと、（ ）の中が $u_i + v_i$ と $u_i - v_i$ でそれぞれ以下のようになる。定数は $\sum$ の前に出すことができるのである。

$\dfrac{1}{n}\sum_{i=1}^{n}(u_i + v_i)^2$

$= \dfrac{1}{n}\sum_{i=1}^{n}(u_i^2 + 2u_i v_i + v_i^2)$

$= \dfrac{1}{n}\sum_{i=1}^{n}u_i^2 + 2 \times \dfrac{1}{n}\sum_{i=1}^{n}u_i v_i + \dfrac{1}{n}\sum_{i=1}^{n}v_i^2$

$\dfrac{1}{n}\sum_{i=1}^{n}(u_i - v_i)^2$

$= \dfrac{1}{n}\sum_{i=1}^{n}(u_i^2 - 2u_i v_i + v_i^2)$

$= \dfrac{1}{n}\sum_{i=1}^{n}u_i^2 - 2 \times \dfrac{1}{n}\sum_{i=1}^{n}u_i v_i + \dfrac{1}{n}\sum_{i=1}^{n}v_i^2$

これらの式の第1項と第3項は標準化変量の2乗値の平均を表すのでともに1である。また、第2項は相関関係を r としたとき $2r$ である。以上のことから、

$1 + 2r + 1 \geq 0$
$2 + 2r \geq 0$
$1 + r \geq 0$
$r \geq -1$

$1 - 2r + 1 \geq 0$
$2 - 2r \geq 0$
$1 - r \geq 0$
$-r \geq -1$
$r \leq 1$

つまり、相関係数 r は「-1 以上 1 以下」である。

【Excelで相関係数を計算してみよう】

図表3-1のデータを次ページの図表3-5のように入力しておこう。

相関係数を求める関数は、＝CORREL（第1変量の範囲，第2変量の範囲）である。各変量の範囲に文字のセル（広島県広島市・・・）は含めない。Excelの関数の引数でデータ範囲を指定するときは文字のセルを含めない。

広島市の気温と中国地方の使用電力量の相関係数を求めるには、任意のセル

に＝CORREL（B2:B15, C2:C15）と入力する。

札幌市の気温と北海道の使用電力量の相関係数を求めるには，
＝CORREL（F2:F15, G2:G15）。

それぞれ，0.82867…，−0.9084886…となる。

図表3-5　広島市と札幌市の気温と電力使用量のデータ入力

	A	B	C	D	E	F	G
1	月日 (2016年)	広島県広島市の14時の気温	中国地方のその日時の使用電力量（実績：万kw）		月日 (2016年〜2017)	北海道札幌市の午前4時の気温	北海道のその日時の使用電量（実績：万kw）
2	6月1日	27.0	755.8		12月1日	2.9	418.7
3	6月8日	25.6	769.6		12月8日	−4.4	451.4
4	6月15日	28.6	836.7		12月15日	−6.0	474.4
5	6月22日	23.1	799.0		12月22日	1.6	433.8
6	6月29日	22.3	782.1		12月29日	−3.2	450.7
7	7月6日	31.9	968.1		1月5日	−3.6	449.0
8	7月13日	25.7	878.8		1月12日	−9.8	500.9
9	7月20日	31.7	930.8		1月19日	−4	481.6
10	7月27日	31.3	963.9		1月26日	−3.7	482.2
11	8月3日	34.1	990.6		2月2日	−8.6	496.3
12	8月10日	34.7	980.2		2月9日	−3	444.2
13	8月17日	35.6	941.1		2月16日	−1.2	424.8
14	8月24日	31.6	1004.6		2月23日	−0.6	439.9
15	8月31日	29.4	816.9		3月2日	3.1	417.2

また，共分散や標準偏差（標本分散に基づく標準偏差）を用いて求めたいときは，共分散は，＝COVAR（データ），標本分散に基づく標準偏差は，＝STDEV.P（データ）である。これらを用いても相関係数を求めることができる。標準化変量を用いて計算する相関係数は各自工夫して求めてみよう。いずれにしても，＝CORREL関数で求めた相関係数と同じ値になる。

Excel標準アドインの「データ分析」が使える場合は，**図表3-6**のように複数の株価の表からそれぞれの株価どうしの相関係数を一度に求めることができる。

図表3-6　株価

	A	B	C	D	E	F	G	H
1		TOPIX	日経平均株価	トヨタ自動車	日産自動車	NTTドコモ	ソフトバンク	三菱UFJ
2	2017年3月	1,512.60	18909.26	6,042	1,074	2593	7,862	700
3	2017年2月	1,535.32	19118.99	6,365	1,106	2667	8,362	738
4	2017年1月	1,521.67	19041.34	6,584	1,119	2707	8,701	731
5	2016年12月	1,518.61	19114.37	6,878	1,176	2663	7,765	720
6	2016年11月	1,469.43	18308.48	6,649	1,057	2624	6,712	670
7	2016年10月	1,393.02	17425.02	6,079	1,069	2641	6,602	545
8	2016年9月	1,322.78	16449.84	5,779	983	2562	6,522	505
9	2016年8月	1,329.54	16887.4	6,238	1,015	2603	6,756	564
10	2016年7月	1,322.74	16569.27	5,894	1,012	2750	5,703	522
11	2016年6月	1,245.82	15575.92	5,052	918	2767	5,789	456
12	2016年5月	1,379.80	17234.98	5,783	1,125	2779	6,228	554
13	2016年4月	1,340.55	16666.05	5,654	1,000	2597	5,988	520
14								
15	※ソフトバンクは「ソフトバンクグループ」							
16	※三菱UFJは「三菱UFJフィナンシャルグループ」							

出所：YAHOOファイナンス（2017年3月現在）

　データメニューの「データ分析」から「相関」を選び，A列以外を入力範囲とし（B1:H13），データ方向は「列」，先頭行をラベルとして使用し，出力先を，たとえば，J1（任意）とすると，指定した出力先に相関係数の一覧表が出力される。相関係数の一覧表を「**相関行列**」という。列の幅を調整したり，セル内改行（ Alt キーを押しながら Enter キーを押す）をして見やすくしよう。

図表3-7 「データ分析」の「相関」の設定

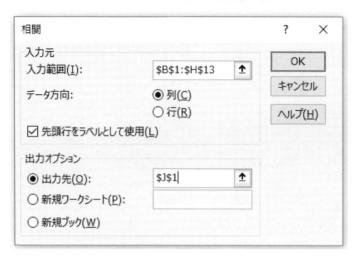

例題：あるレストランが売上を増やすために，現在の「味」「値段」「接客」「店舗の雰囲気」「総合評価」を5段階で評価してもらうアンケートを実施した。すべての項目で「1　良くない」「2　どちらかといえば良くない」「3　普通」「4　どちらかといえば良い」「5　良い」を記入してもらった。

図表3-8はアンケート結果である。各項目の平均点を算出してみよう。また，総合評価との相関関係が強いのはどの項目か，「データ分析」の「相関」で相関行列を求めて分析してみよう。このレストランの改善すべき点がわかるであろうか。

図表3-8 アンケート集計結果

No.	味	値段	接客	店舗の雰囲気	総合評価
1	4	3	4	3	3
2	3	4	3	3	3
3	2	3	4	4	3
4	3	3	4	3	3
5	4	3	4	2	4
6	3	3	3	3	3
7	4	4	2	4	4
8	5	3	5	4	5
9	4	3	5	3	5
10	5	4	4	3	5
11	2	3	3	4	2
12	3	4	1	2	3
13	3	4	4	3	3
14	3	2	4	3	3
15	3	2	4	3	3
16	4	2	3	2	3
17	2	2	2	2	2
18	5	4	5	4	5
19	4	4	4	4	5
20	3	4	5	3	3
平均→					

考え方：平均点は，「味」「値段」「接客」「店舗の雰囲気」「総合評価」の順に，3.45，3.20，3.65，3.10，3.50で，各項目間にあまりに差がない。総合評価との相関係数は，0.86，0.41，0.51，0.37なので，「味」の重要度が高い。「味」を良くすれば総合評価があがり，売上も増えるかもしれない。

第2節 回帰分析

二変量の関係について相関分析では正／負の関係やその強さをみるだけだったが，一方が原因でもう一方が結果であるような関係（因果関係）が見られるとき，原因と考えられる変量の値を使って結果と考えられる変量の値を，推定，

あるいは予測できる可能性が考えられる。これから学ぶ回帰分析では，原因と考えられる変量を「説明変数」，結果と考えられる変量を「被説明変数」とよぶ。また，原因と考えられる変量を「独立変数」，結果と考えられる変量を「従属変数」とよぶこともある。原因と考えられる変量を x，結果と考えられる変量を y で表すこともある。

　回帰分析とは変量 x と変量 y のペアが示されたとき，その二つの関係を一次式で表すことと理解しておこう。説明変数が1個の場合を「**単回帰**」といい，説明変数が複数ある場合を「**重回帰**」という。

　単回帰式は一次式の一般形である $y = a + bx$ と表される（x と y が変数で a と b は定数である）。この式の a と b の値を明らかにすれば，その式の x に具体的な数値を代入すれば y は自動的に求められる。つまり，単回帰式を求めるとは，$y = a + bx$ における a と b の値を求めることである。なお，本章で説明する回帰分析は，説明変数と被説明変数の間に「線形」な関係が想定されるものである。

1　正規方程式を用いた単回帰式の求め方

　図表3-9はある国のGDPと消費支出レベルの関係をそれぞれ4つの組合せで表現したものである。この国のGDPと消費にどのような関係があるかを回帰分析で探ってみよう。以下の説明用に，**図表3-9**で提示されたGDPや消費支出レベルの4組の値は「実測値」，あるいは「実測値の x」「実測値の y」などと表現することがある。GDPが説明変数（独立変数）で，消費支出レベルが被説明変数（従属変数）である。

図表3-9　ある国のGDPと消費支出レベル

	GDP	消費支出レベル
2000年	46	258
2005年	49	274
2010年	49	281
2015年	52	288

　ここでは，**図表3-9**を例題として，「正規方程式」による単回帰式の求め方を学ぶ。単回帰式は与えられた x と y のペア（実測値のペア）でプロットされる散布図に最も妥当な直線の式を求めることである。ここで「最も妥当」というのは，各点と直線の距離が最小となることを表す。

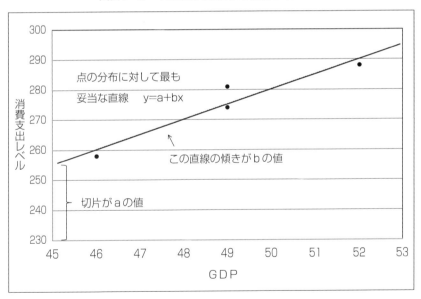

図表3-10　単回帰式で表される直線のイメージ

　各点と直線の距離は「残差」とよばれ，一般に e で表される。残差を「点で表されている y の実測値－直線上の y の値」と考える。直線上の y の値と

はここでは実測値 x の値を回帰式に代入して求められる y の値のことである。**図表 3-9** の例であれば，x_i と y_i に値を代入して，e_1 から e_4 は以下のように表現される。たとえば，e_1 は，$e_1 = y_1 - (a + bx_1)$ である。

$$e_1 = 258 - (a + 46 \times b)$$
$$e_2 = 274 - (a + 49 \times b)$$
$$e_3 = 281 - (a + 49 \times b)$$
$$e_4 = 288 - (a + 52 \times b)$$

この残差は a と b の値が確定すれば簡単に求められるが，その総和は0であることが知られている（$\sum e_i = 0$）。したがって，残差の総和でなく，残差の二乗値の総和が最小になるように a と b の値を決めることが，点の分布に「最も妥当な直線」を求めることになる。

このことは，**図表 3-9** の実測値の GDP を x_i，実測値の消費支出レベルを y_i，求めた回帰式から得られる消費支出レベルの推定値を $\hat{y}_i$ としたとき，y_i と $\hat{y}_i$ の差の二乗値の総和を最小にすることと考えることができる[1]。

この e_i の2乗値の総和を最小にする a と b の値を求めるのが「最小二乗法（method of least squares）」である。最小二乗法の計算過程を見ていこう。e_i の2乗値の総和を ϕ とする。

なお，ここで必要とされる数学の知識は
$(x + y + z)^2 = x^2 + y^2 + z^2 + 2xy + 2yz + 2zx$ という公式と，x と y 以外は定数とみなして $\sum$ の前に出せるということだけである。

$$\begin{aligned}
\phi &= \sum e_i^2 \\
&= \sum (y_i - a - bx_i)^2 \\
&= \sum (y_i^2 + a^2 + b^2 x_i^2 - 2ay_i + 2abx_i - 2bx_i y_i) \\
&= \sum y_i^2 + \sum a^2 + \sum b^2 x_i^2 - \sum 2ay_i + \sum 2abx_i - \sum 2bx_i y_i
\end{aligned}$$

ここでデータ数を n とすると $\sum a^2 = na^2$ である。

上の式で a と b を定数，x_i と y_i は変数として，以下のようにまとめることができる。

$$\phi = \sum y_i^2 + na^2 + b^2 \sum x_i^2 - 2a \sum y_i + 2ab \sum x_i - 2b \sum x_i y_i$$

この ϕ を最小にする a と b の関係式を求めるにおいて，関数の最小値ではその関数の傾きが0となることを利用する。式を微分して0になる点で接線の傾きが0になり，接線の傾きが0になる点でその関数値は減少から増加，あるいは，増加から減少へと変化する。最小値は関数値が減少から増加へ転ずる点である。その点は，ϕ をそれぞれ以下のように a で偏微分する式と b で偏微分する式の右辺を0にして求めることができる。偏微分は理解しやすい概念なので，初めて聞いた場合でもわかる。

※　ϕ において a を含む項は，na^2，$2a\sum y_i$，$2ab\sum x_i$ の3つだけ。
　　　b を含む項は，$b^2\sum x_i^2$，$2ab\sum x_i$，$2b\sum x_i y_i$ の3つ。
　　　それ以外の項は偏微分においてはすべて定数として無視される。

$$\frac{\partial \phi}{\partial a} = 2na - 2\sum y_i + 2b\sum x_i = 0 \quad \text{から}$$

$\sum y_i = na + b\sum x_i$ が導き出される。

また，

$$\frac{\partial \phi}{\partial b} = 2b\sum x_i^2 + 2a\sum x_i - 2\sum x_i y_i = 0 \quad \text{から}$$

$\sum x_i y_i = a\sum x_i + b\sum x_i^2$ が導き出される。

以上のようにして導き出された2つの式を「**正規方程式**」という。

> 正規方程式　　$\sum y_i = na + b\sum x_i$
> 　　　　　　　$\sum x_i y_i = a\sum x_i + b\sum x_i^2$

　ここまで「正規方程式」の導出過程を最小二乗法で説明してきたが，「正規方程式」は単回帰式を求めるとき，普遍的に成立する。したがって，与えられた（実測された）x と y の組み合わせから，その組数（n），$\sum x_i$，$\sum y_i$，$\sum x_i^2$，$\sum x_i y_i$ を求めて，正規方程式に代入するだけで，二つの式からなる連立方程式が得られて，a と b の値を求めることができる。

　図表3-9の数値で確認してみよう。$\sum y_i = 1101$，$n = 4$，$\sum x_i = 196$，$\sum x_i y_i = 54039$，$\sum x_i^2 = 9622$　を代入すると，次のような連立方程式ができる。

　　$1101 = 4a + 196b$
　　$54039 = 196a + 9622b$
　これを解くと，$a = 30.25$，$b = 5$　が得られる。

　　消費支出レベル＝30.25＋5×GDP

という単回帰式が求められた。なお，分散や共分散を用いて単回帰式を求めることもできる[2]。

2　残差について

　求められた単回帰式で得られる $\hat{y}$ の値と，実測値 y との差を残差といい，次の3つの性質がある。「無相関」とは，「直交している」とも表現される関係で，たとえば，「残差と説明変数は無相関」は，$\sum e_i x_i = 0$ となる関係である。図表3-9の数値例で確認しておこう。

　(1) 残差の合計は0。

(2) 残差と説明変数は無相関。
(3) 残差と単回帰式で求められた $\hat{y}$ も無相関。

図表3-11　残差について

	GDP (x)	消費支出レベル (y)	回帰式で求めた yの値 ($\hat{y}$)	残差 (e)
2000年	46	258	260.25	-2.25
2005年	49	274	275.25	-1.25
2010年	49	281	275.25	5.75
2015年	52	288	290.25	-2.25

問題3.5 図3-11の残差の総和を求めなさい。

問題3.6 図表3-11で残差と説明変数が無相関である，つまり，
$\sum e_i x_i = 0$ を確認しなさい。Excelの=SUMPRODUCT関数を試してみなさい。

問題3.7 図表3-11で残差と単回帰式で求められた値が無相関，つまり，
$\sum e_i \hat{y}_i = 0$ を確認しなさい。Excelの=SUMPRODUCT関数を試してみなさい。

3　決定係数

　求めた回帰式による被説明変数の値が実測値（あるいは観測値）をどれほど正確に説明しているかを表すのが「決定係数」である。決定係数は0から1の間をとり，1に近いほど回帰式で求められた被説明変数の値が実測値（あるいは観測値）と近いことを表す。1に近いほどその回帰式は当てはまりが良いといえる。決定係数は通常 R^2 と表現され，上記の関係は

$0 \leq R^2 \leq 1$

と表現される。

決定係数の値を筆算で計算することはあまりないが，y_i を実測値（あるいは観測値），$\bar{y}$ を実測値（あるいは観測値）の平均，e_i を残差とすると，以下のような値である。

$$R^2 = 1 - \frac{\sum e_i^2}{\sum (y_i - \bar{y})^2}$$

つまり，「y の変動に対する残差の変動の割合」を1から引いて回帰式の当てはまりの程度を表す。以下に**図表3-9**の例で決定係数の計算過程を示す。

図表3-12　決定係数の計算過程

	GDP (x)	消費支出レベル	$(y_i - \bar{y})^2$	回帰式で求められた被説明変数の値($\hat{y}$)	e_i $(y_i - \hat{y})$	e_i^2
2000年	46	258	297.5625	260.25	-2.25	5.0625
2005年	49	274	1.5625	275.25	-1.25	1.5625
2010年	49	281	33.0625	275.25	5.75	33.0625
2015年	52	288	162.5625	290.25	-2.25	5.0625

消費支出レベルの平均 ($\bar{y}$) → 275.25

$$R^2 = 1 - \frac{5.0625 + 1.5625 + 33.0625 + 5.0625}{297.5625 + 1.5625 + 33.0625 + 162.5625} = 0.909550277918$$

決定係数の値は0.90955…となる。この決定係数は1に近い値なのでここで求められた回帰式「消費支出レベル＝30.25＋5×GDP」は実測値に対して当てはまりがよいといえる。

また，このようにして求められた決定係数は，「相関係数の2乗」でもある。決定係数が R^2 と表現されるのも納得がいくだろう。

問題3.8 図表3-9からGDPと消費支出レベルの相関係数を求め，それが0.909550277918の平方根であることを確認しよう。なお，Excelで相関関係を求める関数は＝CORRELである。

【Excelで回帰分析をしてみよう】

1) 単回帰分析

次のページの**図表3-13**は日本の2000年から2016年の「実質GDP」と「民間最終消費支出」のデータである。この表をExcelで単回帰分析してみよう。

図表3-13　日本の実質GDPと民間最終消費支出

年	実質GDP (単位：十億)	民間最終消費支出 (単位：十億)
2000	461711.4	263038.1
2001	463587.1	268031.7
2002	464134.6	271199.9
2003	471227.7	272986.5
2004	481617.0	276564.8
2005	489625.1	279981.2
2006	496577.7	282877.3
2007	504792.5	285524.3
2008	499272.7	282624.0
2009	472226.5	280629.0
2010	492023.6	287365.3
2011	491455.5	286254.9
2012	498802.9	292062.9
2013	508781.4	298980.7
2014	510489.2	296435.1
2015	516635.5	295224.1
2016	521794.3	296420.0

出所：内閣府国民経済計算（GDP統計）より。
（http://www.esri.cao.go.jp/jp/sna/menu.html　2017年5月7日）。

Excelで単回帰式を求める方法は2つある。1つは「散布図から求める」方法，2つ目は「データ分析」の「回帰分析」から求める方法である。ここでは

図表3-13の3つの列が入力済みであるとして,2つの方法を説明する。同じ結果になるはずである。

方法その1：散布図から求める方法

1. 「実質GDP」と「民間最終消費支出」を範囲指定して（「年」は指定外,「実質GDP」などの項目名は含む）,挿入メニューから［散布図］の▼を選択し,上段左のデザイン（点々のデザイン）を選ぶ。
2. 表示された散布図の点のどれかを右クリックして,［近似曲線の追加］を選択する。
    ① ［近似曲線のオプション］が「線形近似」となっていることを確認。
    ② 「グラフに数式を表示する」にチェックする。
    ③ 「グラフにR-2乗値を表示する」にチェックする。

以下のように,散布図に単回帰式と決定係数が表示される。

図表3-14　近似曲線による単回帰式の導出

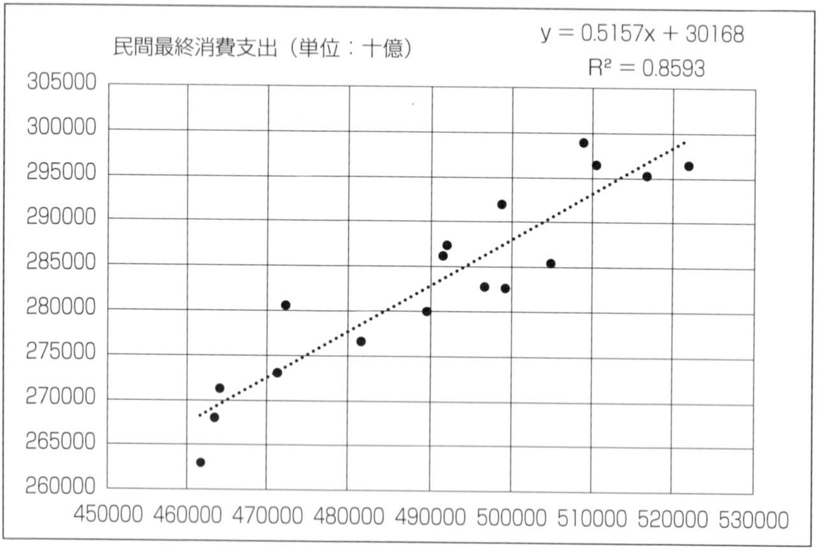

$y = 0.5157x + 30168$
$R^2 = 0.8593$

第3章　相関関係と回帰分析

※　**図表3-14**は数式の位置を調整したり，数式全体を範囲指定してポイントを大きくしたりして見やすくしている。

民間最終消費支出 = 30168 + 0.5157 × GDP

という単回帰式が得られた。GDPが1単位（十億円）増えれば，民間最終消費支出は5億1570万円ほど増える。

方法その2：データ分析の［回帰分析］で求める

① データメニューから「データ分析」を選択し，［回帰分析］を選択。
② 「入力Y範囲」に「民間最終消費支出」を，「入力X範囲」に「実質GDP」を設定し，「出力オプション」は任意に設定する。
　※　このとき，入力Y範囲に「民間最終消費支出（単位：十億）」のセルも含め，入力X範囲にも「実質GDP」のセルを含めて「ラベル」にチェックする。

上記の操作で次のページの表が出力される（「残差」や「正規確率」のセクションには何も指定していない場合）。

図表3-15 単回帰分析の出力

概要

回帰統計	
重相関R	0.92701
重決定R2	0.859848
補正	0.849971
標準誤差	4108.676
観測数	17

分散分析表

	自由度	変動	分散	観測された分散比	有意F
回帰	1	1.55E+09	1.55E+09	91.64639	8.8237E-0.8
残差	15	2.53E+08	16881216		
合計	16	1.8E+09			

	係数	標準誤差	t	P-値	下限95.0%	上限95.0%	下限95.0%	上限95.0%
切片	30167.75	26461.11	1.140079	0.272131	-26232.77444	86568.26559	-26232.77444	86568.26559
実質GDP（単位：十億）	0.515695	0.053869	9.573212	8.84E-08	0.400876903	0.630513061	0.400876903	0.630513061

出力結果の見方

1. 下方の表の「係数」の欄をみて回帰式を確認する。
2. 上方の「概要」の表から決定係数を見て，その値が１に近ければ，良い回帰式が得られたと考える。単回帰では「重決定Ｒ２」の数字を決定係数としてみる。
3. 下方の表の「ｔ」の欄の絶対値が２以上であるか確認する。この例では切片のｔの絶対値が２に満たないことを確認しておく。

その他の出力項目については，読者の知識が増えるに従って読み取ることとする。

単回帰式 $y = a + bx$ の a に相当する数字は，出力結果の下方の表の「係数」の「切片」の欄，b に相当する数字は「実質GDP（単位：十億）」の欄に表示される。この例では，

民間最終消費支出 ＝ 30167.75 ＋ 0.515695 × 実質GDP

という回帰式が導き出された。（図表3-14と一致する）

単回帰分析では，決定係数は上方の「概要」の表の「重決定Ｒ２」の欄をみる。後述する重回帰分析のときは「補正Ｒ２」の欄をみる。いずれの決定係数でも１に近いほど回帰式の当てはまりがよいと考える。0.859348は１に近い値なのでこの回帰式の当てはまりはよいと考えられる。「重相関Ｒ」の値は，「実質GDP」と「民間最終消費支出」の相関係数の値に等しく，「重決定Ｒ２」はその２乗値になる。「補正Ｒ２」は「自由度調整済み決定係数」のことである。「自由度調整済み決定係数」とは，説明変数の数が多いと決定係数は１に近い値になる傾向があり，その「説明変数が多いことによるペナルティを施した決定係数」の意味。この例では単回帰で説明変数は１つなので，ペナルティの影響は小さく，「重決定Ｒ２」と「補正Ｒ２」の値に大きな差はない。

下方の表の「t」，「P-値」，「下限95％」，「上限95％」などの項目は回帰式の係数の信頼性に関する情報である。「t」の絶対値が2以上であれば，係数の欄の数字は十分な信頼性があるとされる。「t」の絶対値は大きいほどよく，「P-値」は小さいほど信頼性が高い。ちなみに「P-値」の欄の数字は0.05より小さいことがのぞまれる（有意水準5％の場合）。この「t」と「P-値」の関係は巻末の「t分布表」の「両端0.050（右から0.025）」の列が自由度が5より大きければだいたい2であることに対応する。

　この例では「切片」の「t」は1.140079で2より小さい。したがって，切片＝30167.75については信頼性が十分ではない。しかし，手元にあるデータの数やデータの質ではこれ以上信頼性をあげることはできない。切片の信頼度が十分でないことは「t」の欄だけでなく，本来0.05より小さいことが求められる「P-値」が0.05より大きいとか，下限95％が負の数になっていることにも表れている。実質GDPの係数は有意である（信頼性が高い）。この場合，切片の信頼度が十分でないからといって切片のない回帰式を考えるよりも，説明変数の数を増やすことを考える。「民間最終消費支出」を説明する「実質GDP」以外の何らかの説明変数を追加するべきである。説明変数が複数ある回帰分析は「重回帰分析」とよばれる。

2） 重回帰分析

　説明変数が複数ある場合の回帰分析を「重回帰分析」という。説明変数がn個あるときの重回帰式は $y = a + b_1x_1 + b_2x_2 + \cdots + b_nx_n$ という式で表される。

　図表3-16は，ある園芸即売会場での「売上高」を「アルバイト人数」と「来場者数」で説明している重回帰分析の例である。説明変数（独立変数）が「アルバイト人数」と「来場者数」で被説明変数（従属変数）が「売上高」である。

　Excelでは重回帰分析も単回帰分析と同じように「データ分析」の「回帰分

析」で行える。

① データメニューから「データ分析」を選び，［回帰分析］を選択。
② 「入力 Y 範囲」に「売上高（万円）」を，「入力 X 範囲」に「アルバイト人数」と「来場者数」を設定し，「出力オプション」は任意に設定する。

図表3-16　重回帰分析の例

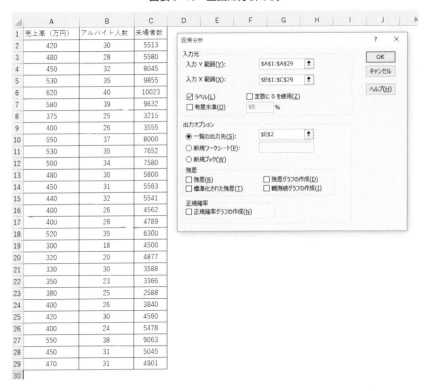

出力結果の見方

1. 下方の表の「係数」の欄をみて回帰式を確認する。
2. 上方の「概要」の表から決定係数をみて，その値が1に近ければ，良い回

帰式が得られたと考える。重回帰分析の場合は「補正R2」をみる。
3. 「t」の欄の絶対値が2以上であるか確認する。

　その他の出力項目については，読者の知識が増えるに従って読み取ることとする。

第3章 相関関係と回帰分析

図表3-17 重回帰分析の出力

概要

回帰統計	
重相関 R	0.942886
重決定 R2	0.889035
補正 R2	0.880157
標準誤差	27.99205
観測数	28

分散分析表

	自由度	変動	分散	観測された分散比	有意 F
回帰	2	156942.4	78471.19	100.1477	1.16E-12
残差	25	19588.87	783.5548		
合計	27	176531.3			

	係数	標準誤差	t	P-値	下限	上限	下限	上限
切片	86.73607	32.68054	2.654059	0.013629	19.42923	154.0429	19.42923	154.0429
アルバイト	9.677932	1.638294	5.907325	3.65E-06	6.303804	13.05206	6.303804	13.05206
来客者数	0.01206	0.004316	2.794019	0.009847	0.00317	0.02095	0.00317	0.02095

売上高 = 86.73607 + 9.677932 × アルバイト人数 + 0.01206 × 来場者数

という回帰式が得られた。アルバイトを1人増やすと売上高は9万6779円増え，来場者が1人増えると売上高は121円増える関係である。

また，**図表3-17**の決定係数「補正R2」は当てはまりの良さを示している。

「t」の欄の数字は絶対値が2より大きいことが重回帰分析では重要である。**図表3-17**では「切片」「アルバイト人数」「来場者数」すべて，tの値の絶対値が2より大きいので，どの要因も有意であると判断することができる。もし，tの値の絶対値が2未満であれば，その説明変数を除いてもう一度重回帰分析をしてみるべきである。

〔第3章　問題の解答〕

問題3.1　どちらも0

問題3.2　英語の標準化変量の分散はほぼ1。理論的には完全に1となる。
　　　　図表3-4では小数点以下の桁数を四捨五入によって少なくしているため，完全な1とならない。数学の標準化変量の分散についても同じことがいえる。理論的には数学の標準化変量の分散も1，したがって，標準偏差も1である。

問題3.3　35.6，42.6，50，60.5，61.3

問題3.4　33.4，56.5，46.7，50.3，63.1

問題3.5　$-2.25 - 1.25 + 5.75 - 2.25 = 0$

問題3.6　$\sum e_i x_i = (-2.25) \times 46 + (-1.25) \times 49 + 5.75 \times 49 + (-2.25) \times 52 = 0$

問題3.7　$\sum e_i \hat{y}_i = (-2.25) \times 260.25 + (-1.25) \times 275.25 + 5.75 \times 275.25 + (-2.25) \times 290.25 = 0$

問題3.8　GDPと消費支出レベルの相関係数は0.953703454。
　　　　$R^2 = 0.909550277918$の平方根は0.953703454。

第3章 相関関係と回帰分析

〔注〕

1) $x_1 = 46$, $x_2 = 49$, $x_3 = 49$, $x_4 = 52$, $y_1 = 258$, $y_2 = 274$, $y_3 = 281$, $y_4 = 288$ として，aとbの値が明らかになって求められた回帰式の x に x_1 を代入して得られた被説明変数の値を $\hat{y}_1$，x_2 を代入したとき $\hat{y}_2$ … と考える。

2) 単回帰式は，$b = \dfrac{x とy の共分散}{x の分散}$，$a = y の平均 - b \times x の平均$ でも求められる。

〔参考文献〕

大屋幸輔・各務和彦　『基本演習　統計学』　新世社　2018年4月10日
大屋幸輔　『コア・テキスト統計学　第2版』　新世社　2015年3月10日
菅　民郎　『Excelで学ぶ統計解析入門　—Excel 2016 / 2013対応版—』　オーム社　2017年12月10日
菅　民郎　『Excelで学ぶ多変量解析入門　第2版』　オーム社　2001年12月25日
木下宗七編　『入門統計学［新版］』　有斐閣　2011年2月20日
道用大介　『図解でわかる最新エクセルのデータ分析がみるみるわかる本』　秀和システム　2014年12月1日
鳥居泰彦　『はじめての統計学』　日本経済新聞出版社　2008年2月8日
宮川公男　『基本統計学［第3版］』　有斐閣　2004年5月30日

「マーケのネタ帖　—これからのマーケティングに役立つヒント—」
（http://xica.net/magellan/marketing-idea/stats/）（2018年5月現在）

第4章　確率と確率変数と確率分布

　データを分析する際，これから分析しようとしているデータが「分析対象全体」であるか，「分析対象の一部であり，その背後に母集団を想定していて本来の分析対象は母集団」であるかの違いは大きい。前者の手元のデータを「分析対象全体」とみる統計学は**記述統計**」とよばれ，一方，後者の「データは分析対象の一部分，つまり標本（サンプル）であり，入手できたデータの背後に「大きな全体→母集団」を想定し，母集団に関して興味がある」ときの統計学は**推測統計**」とよばれるものである。推測統計においては標本（サンプル）が偏りなく抽出されているかどうかは大きな問題であるが，本章と第5章では標本（サンプル）は偏りなく抽出されたという前提のもとで説明することがよくある。以下，標本（サンプル）を標本とよぶ。

第1節　確　　率

1　順列と組合せ

　順列と組合せを計算する前に「階乗」を理解しておこう。

　階乗とは，指定された数字から始めて，次々と1を引いた数字を1になるまで掛け合わせるものである。5の階乗は $5 \times 4 \times 3 \times 2 \times 1 = 120$ である。

　ある数 n の階乗を求めるとは，n 個の異なるものを並べる並べ方が何通りあるかを計算することになる。たとえば，5個の文字を並べる並べ方は $5 \times 4 \times 3 \times 2 \times 1 = 120$ 通り。数式としては $n!$ と表現される。ちなみに，0の階乗は1と定義されている（$0! = 1$）。

例：$10! = 10 \times 9 \times 8 \times 7 \times 6 \times 5 \times 4 \times 3 \times 2 \times 1 = 3628800$。

1) 順　　列

「順列」とは，「異なる n 個の対象から重複を許さずに r 個を取り出して並べる方法は何通りあるか？」というものである。

たとえばA，B，C，D，Eの5つの文字から重複を許さずに2文字を取り出して並べる方法は，AB，AC，AD，AE，BA，BC，BD，BE，CA，CB，CD，CE，DA，DB，DC，DE，EA，EB，EC，EDの20通りである。これは，1番目にはA，B，C，D，Eから1つを選ぶので5種類の選択肢があり，2番目は1番目で選んだ文字を除いた4種類の文字が選択肢となるので，5×4＝20という計算に相当する。順列，すなわち，n 個の対象から r 個を取り出して並べる並べ方の数は，n からはじまり，1ずつ引いた数を r 個掛け合わせて計算できる。n 個の対象から r 個を取り出して並べる順列は ${}_nP_r$ と表記される。

$$ {}_nP_r = \underbrace{n(n-1)(n-2)\cdots}_{r 個} $$

また，順列にはもう一つの計算方法がある。異なる n 個のものを重複を許さずに n 個全部を並べきるのではなく，r 個の並びだけを問題にして残りの $(n-r)$ 個の並び方は考えなくてよいことから，

$$ {}_nP_r = \frac{n!}{(n-r)!} $$

という公式もよく用いられる。

［練習問題1］　${}_{20}P_4$ を計算してみよう。

【スマートフォンの無料アプリの関数電卓について】

スマートフォンで「関数電卓」という検索をかけて無料のアプリをダウンロードしてみよう。ただし，無料アプリなのでいろいろな広告が表示される。

広告は無視したり，表示されないようにできる場合は表示されないようにすることをおすすめする。また，複数の関数電卓アプリから選ぶ場合は，ダウンロード数の多いものをおすすめする。

本書では**図表4-1**に示す「Panecal」という無料アプリの関数電卓を例示して説明する。スマートフォンの「普通の電卓」（関数電卓でない電卓）を横長，あるいはスワイプしても順列や組合せの計算には公式を暗記しておかないと面倒である。順列と組合せは関数電卓が最も計算しやすい。関数電卓であれば，$_{20}P_4$ の計算は，

$\boxed{2}\ \boxed{0}\ \boxed{\text{ALT}}\ \boxed{\times}\ \boxed{4}\ \boxed{=}$

と順番にタップしていけば簡単に答が求められる。$\boxed{\text{ALT}}$ のあとに $\boxed{\times}$ とタップした時点で20Pと表示されるので，あとは $\boxed{4}$ と $\boxed{=}$ とタップすればよい。数字とPが同じ大きさで表示される。$_{20}P_4 = 116280$ である。

問題4.1 35人のサークルメンバーの中から「サークル長」と「副サークル長」と「会計」を各1名ずつ選ぶ方法は何通りあるか。

問題4.2 toukeigakuに含まれる文字をすべて使って並べる方法は何通りあるか。同じ文字が含まれていることに注意しよう。uとkが2個ずつあることに注意しよう。

スマートフォンでの操作はゆっくり根気強くしよう。ミスタッチから抜け出せなくなったときは，$\boxed{=}$ や $\boxed{\text{DEL}}$ や $\boxed{\text{BS}}$ や $\boxed{\text{CLR}}$ などを使う。また，$\boxed{\text{CLR}}$ しなかったときは計算履歴が残ることも関数電卓の長所である。タップで任意の数式の数字に戻れる利点を生かして数字の入力の間違いを間違えたところだけ修正して計算しなおすこともできる。

図表 4-1 関数電卓の ALT ボタンと nPr ボタン（x）の位置

ALTボタン

nPrボタン

2) 組合せ

「組合せ」とは異なる n 個のものから重複を許さずに r 個を「順番に関係なく」取り出す方法が何通りあるか，ということである。n 個のものから r 個を取り出す組合せは $_nC_r$ と表現される。順番が関係ないので組合せの数は順列を r の階乗で割ることで求められる。

$$_nC_r = \frac{_nP_r}{r!}$$

$_nP_r = \dfrac{n!}{(n-r)!}$ を上の式に代入した $_nC_r = \dfrac{n!}{r!(n-r)!}$ もよく用いられる。

また，$_nC_0 = {_nC_n} = 1$ と定義されている。

問題 4.3 35人のサークルメンバーから「幹事3人」を選ぶ選び方は何通りあるか。

第4章　確率と確率変数と確率分布

階乗や順列や組合せはパーソナル・コンピュータよりも**関数電卓**（スマートフォンの無料アプリ）の方が手軽に計算できる。$\boxed{\text{ALT}}$ のあと，$\boxed{\div}$ をタップすると組合せが計算できる。**図表 4-2** は階乗，順列，組合せの計算方法である。

スマートフォンの関数電卓で黄色い文字で書かれたボタンは $\boxed{\text{ALT}}$ ボタンをタップしてからタップする。

図表 4-2　Excel と関数電卓での操作方法

	Excel の関数	関数電卓
階乗	= FACT（数値） 5 の階乗は = fact(5)	数字を入力したあとに $\boxed{\text{ALT}}$ $\boxed{n!}$ $\boxed{=}$
順列	= PERMUT（標本数，抜き取り数） 10 人から 5 人を選ぶ順列は = PERMUT(10,5)	10 人から 5 人を選ぶ順列は 10 $\boxed{\text{ALT}}$ $\boxed{\times}$ 5 $\boxed{=}$
組合せ	= COMBIN（総数，抜き取り数） 10 人から 5 人を選ぶ組合せは = COMBIN(10,5)	10 人から 5 人を選ぶ組合せは 10 $\boxed{\text{ALT}}$ $\boxed{\div}$ 5 $\boxed{=}$

[例題]　18 の階乗はいくつか。

18 の階乗は $6.4023737\cdots \times 10^{15}$ である。Excel や関数電卓で答の表示で数字の中に E が混じっているとき，E のあとの数字は桁数に関する情報を表している。$6.4023737\cdots \text{E}\ 15$，あるいは $6.402373\cdots \text{E}+15$ と表示されたら，$6.402373\cdots \times 10^{15}$ という意味である。

E のあとに - がついている場合は，たとえば，1.23E-15 であれば，$1.23 \times 10^{-15} = 1.23 \times 1/10^{15} = 0.00000000000000123$ である。E のあとに - が表示された場合は，きわめて 0 に近い値である。

Excel で数字のなかに E を含ませない表示形式に変更したければ，列幅を広げたうえで，そのセルを「右クリック」→「セルの書式設定」で表示形式を「数値」にして，小数点以下の桁数を指定するとよい。あるいはホームメ

ニューの数値グループの「標準」の右の▼をクリックして「数値」に変更してもよい。

[例題]
1) 1から9までの9つの数字から5つを選び出して5桁の数字をつくるとしたら，何通りできるか。
2) 1000人から順番を問わずに5人を選び出す方法は何通りあるか。

1)の答は $_9P_5 = 15120$。   2)の答は $_{1000}C_5 = 8250291250200$。

2 確率の加法定理，条件付き確率，乗法定理

本項では，確率の基本定理を確認する。主な内容は「確率の加法定理」「条件付き確率」「乗法定理」である。

これらを学ぶ前に以下のことを確認しておく。すべての事象 A, B, …からなる全体を「全事象」あるいは「標本空間」とよぶ。事象としてすべての想定しうるパターンを全事象の場合の数とし，事象 A に属するすべてのパターンを事象 A の場合の数とすると，全事象において事象 A の起こる確率は，それを $P(A)$ と表し，$P(A) = \dfrac{\text{事象Aの場合の数}}{\text{全事象の場合の数}}$ となる。たとえば，サイコロを1回振って3の目が出る確率は 1/6（全事象は6種類，3が出る事象は1種類だから），ジョーカーを除いたトランプ52枚の中からハートのカードを引く確率は，13/52＝1/4 である。

1) 確率の加法定理

2つの事象 A と B の和事象 $A \cup B$ の確率は A が起こる確率と B が起こる確率の和から A と B が同時に起こる確率（積事象 $A \cap B$）を引いたものである。

確率の加法定理 $P(A \cup B) = P(A) + P(B) - P(A \cap B)$

図表 4-3 加法定理のイメージ

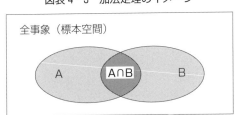

もし，A と B が共通部分を持たないなら（共通部分をもたない関係を「排反」という），$P(A \cap B) = 0$ なので，$P(A \cup B) = P(A) + P(B)$ である。

問題 4.4 ジョーカーを除いた 52 枚のトランプのうち，「ハート」であるか，「エース」である確率はどれだけか。

問題 4.5 ジョーカーを除いた 52 枚のトランプのうち，「ハート」であるか，「クラブの絵札」を選ぶ確率はどれだけか。

2） 条件付き確率

ある事象 A が起こったことを条件として，事象 B が起こる確率のことを「A を条件とする B の条件付き確率（conditional probability）」といい，$P(B|A)$ と表し，$B|A$ は「B ただし A」と読む。ここで，「ある事象 A が起こったことを条件として」という表現がわかりにくければ，「事象 A がすでに実現しているもとで」と読み替えてみよう。B の条件付き確率は，A と B の積事象の確率より大きくなる。B の条件付き確率とは，B も A も同時に起こらなければならないとき（A と B の積事象），A はすでに起こっている場合の B の起こる確率のことである。

図表4-4 条件付き確率

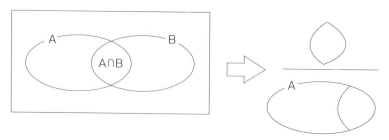

図表4-4でもわかるように,「A を条件とする B の条件付き確率 $P(B|A)$は,「事象 A が起こる確率」のうちの「A と B がともに起こる確率」の比率として,以下のように表現することができる。

$$P(B|A) = \frac{P(A \cap B)}{P(A)}$$

この式は次に説明する「乗法定理」に発展する。

問題4.6 $P(A) = 0.4$, $P(B) = 0.2$, $P(A \cap B) = 0.1$ のとき, A を条件とする B の条件付き確率を求めよ。

問題4.7 ある大学で100人の学生にアンケートをとったところ,大学に来るのに電車に乗った学生は60人で,バスに乗った学生は50人,電車とバスの両方に乗った学生は30人だった。電車に乗った学生の中でバスに乗った学生の割合はどれだけか?

3) 乗法定理

「条件付き確率」で提示した式を変形すると,
$$P(A \cap B) = P(A) \cdot P(B|A)$$

となる。また，$P(B|A) = \dfrac{P(A \cap B)}{P(B)}$ という条件付き確率の式からは

$P(A \cap B) = P(B) \cdot P(A|B)$

が導き出される。

　この2つの式は，「A も B もともに起こる確率」は，「A が起こる確率」に「A が起こったという条件のもとで B が起こる確率」を掛けたもの，あるいは，「B が起こる確率」に「B が起こったという条件のものとで A が起こる確率」を掛けたものということができる。
　この

$P(A \cap B) = P(A) \cdot P(B|A) = P(B) \cdot P(A|B)$

を「**乗法定理**」とよぶ。

4） 独　　立

　事象 A が起こることと事象 B が起こることに関係性がないとき，つまり，事象 A が起こっていても起こっていなくても事象 B が起こる確率には影響がないことを B は A に対して「独立（independent）」であるという。B が A に対して独立なときは $P(B|A) = P(B)$ が成り立つ。このことを乗法定理に代入すると $P(A \cap B) = P(A) \cdot P(B)$ となる。つまり，A と B が「互いに独立」であるとき，

$P(A \cap B) = P(A) \cdot P(B) = P(B) \cdot P(A)$

が成り立つ。

問題 4.8　サイコロを2回振ったとき，1回目に偶数の目が出て，2回目に奇数の目が出る確率はどれだけか。1回目のサイコロの目と2回目のサイコロの目は独立である。

問題 4.9 サイコロを1回振ったとき,「奇数の目が出る」と「4以上の目が出る」事象は独立であるか.

3 ベイズ統計学の紹介

　18世紀のイギリスの数学者トーマス・ベイズにちなんでベイズの定理とよばれる定理に基づくベイズ統計学を紹介する.ベイズ統計学は主観を根拠とする等の批判により,20世紀初頭に一度廃れるが,20世紀後半から見直され,今日ではミクロ経済学やゲーム理論などの学問分野やマーケティングなどの応用分野でも広く利用されるようになり,現代社会において重要な役割を果たすようになっている.本項ではベイズ統計学の入り口である「事後確率」,あるいは「ベイズの逆確率」とよばれる考え方を紹介する.

　事後確率,あるいはベイズの逆確率は,条件付き確率 $P(B|A) = \dfrac{P(A \cap B)}{P(A)}$ の考え方を応用して,たとえばある出来事が起こったという現象のあとで原因別の確率を求めたりするときに有効な定理である.本項で紹介するベイズの定理を用いる場合,多くは分母の部分が長い数式になることを覚えておこう.

　ベイズの定理の例としては,ある製品に1個の不良品がみつかったとする.その製品を製造している工場が複数あったとき,その不良品がそれぞれの工場で製造された確率を求めるというものである.そのとき,各工場がその製品の「全生産の何パーセントずつを製造しているか」ということと「各工場の不良品率」がわかっているとする.このとき,上述の「ある出来事」は「1個の不良品が発見された」を表し,不良品が発見されたことと関係なく生産されている各工場の製造割合が「事前確率」であり,「1個の不良品が発見された」ときのその製品がどの工場で生産されたかという確率が「事後確率」,あるいは「ベイズの逆確率」といわれるものである.

　「事後確率」あるいは「ベイズの逆確率」を求めるベイズの定理は以下の式で表現される.ここでの不良品の問題では,工場ごとに不良品率がわかってい

第4章 確率と確率変数と確率分布

て，A が工場を表し，工場が複数ある場合は A_1, A_2, …と表現される。また，不良品は B_1，不良品でないものは B_2 とする。工場ごとの不良品率がわかっているという「工場→不良品」の状態から，「不良品が発見された→その不良品がどの工場で生産された」かというように逆の考え方をする。したがって，以下のベイズの定理は $P(A_n|B_1)$ を求める問題となる。

工場 A_1 で製造された確率

$$P(A_1|B_1) = \frac{P(A_1) \cdot P(B_1|A_1)}{P(A_1) \cdot P(B_1|A_1) + P(A_2) \cdot P(B_1|A_2)}$$

工場 A_2 で製造された確率

$$P(A_2|B_1) = \frac{P(A_2) \cdot P(B_1|A_2)}{P(A_1) \cdot P(B_1|A_1) + P(A_2) \cdot P(B_1|A_2)}$$

この2つの式は分母が同じで，分子は分母の一部であることに気づくと理解しやすい。

図表4-5 2つの工場と不良品の関係

なお，この考え方を使用するには，「ある出来事」が起こる確率と起こらない確率の和が1で互いに排反（上述の例では，B_1 と B_2 の和は1で互いに排反），また，原因別，要因別の確率もその和が1で互いに排反でなければならない（上述の例では A_1 と A_2 の和は1で互いに排反）。したがって，異なる原因のもとで起こる結果（$B|A$）も互いに排反であり，ベイズの定理の分母は加法定

101

理が，分子には乗法定理，分母と分子の組合せには条件付き確率の考え方が適用されているとみることもできる。

「事後確率」や「ベイズの逆確率」は例題に沿って考えたほうが理解しやすいので，以下の例題について考えてみよう。

例1：スマートフォンを所持している大学1年生を集め，その男女比は男子が0.55，女子0.45であった。この集団内で，あるアプリの使用率を調査したところ，男子の使用率が0.3，女子の使用率が0.6であった。このとき，この集団から1人の学生を選び出してそのアプリを使用しているかいないか聞いたところ，「使用」していた。この学生が男子である確率と女子である確率をそれぞれ求めなさい。

なお，答えてくれた学生の性別は調査者にはわからないように工夫されている条件のもとでアプリを使用しているかいないかを聞いた。

考え方：まず，「男子」の事前確率は0.55，「女子」の事前確率は0.45であることを確認しておく。また，男子であることと女子であることは互いに排反でその確率の和は1である。また，アプリの使用状況については「使用している」と「使用していない」の2つの状態しかありえないとする。

この問題は，A_1 が男子，A_2 が女子，B_1 がアプリ使用，B_2 がアプリ不使用とすると，$P(A_1) = 0.55$, $P(A_2) = 0.45$, $P(B_1|A_1) = 0.3$, $P(B_1|A_2) = 0.6$ と表現される。

まず，条件付き確率の考え方の分母に相当する「アプリを使用している確率」を求めるために，(男子のアプリ使用率 × 男子確率) + (女子のアプリ使用率 × 女子確率)

$$P(B_1|A_1) \cdot P(A_1) + P(B_1|A_2) \cdot P(A_2) = 0.3 \times 0.55 + 0.6 \times 0.45 = 0.435$$

を計算しておく。ある学生がアプリを使用していることがわかったとき、この分母にその学生が男子である確率は、「男子であり、しかもアプリを使用している確率 $P(A_1 \cap B_1)$」を分子にして $\dfrac{0.3 \times 0.55}{0.3 \times 0.55 + 0.6 \times 0.45} = 0.37931$

であり、その学生が女子である確率は、「女子であり、しかもアプリを使用している確率 $P(A_2 \cap B_1)$」を分子にして $\dfrac{0.6 \times 0.45}{0.3 \times 0.55 + 0.6 \times 0.45} = 0.62069$

である。

まとめると、

$$\dfrac{\text{男子のアプリを使用している確率} \times \text{男子確率}}{\text{全体のアプリ使用率}}$$
$$= \dfrac{0.3 \times 0.55}{0.3 \times 0.55 + 0.6 \times 0.45}$$
$$= 0.3793103448$$

これが、男子の「事後確率」である。

また、アプリを使用していることがわかっている学生が女子である確率は

$$\dfrac{\text{女子のアプリを使用している確率} \times \text{女子確率}}{\text{全体のアプリ使用率}}$$
$$= \dfrac{0.6 \times 0.45}{0.3 \times 0.55 + 0.6 \times 0.45}$$
$$= 0.620689655172$$

これが女子の「事後確率」である。

事前確率と同様に事後確率もその和は1になる。この事後確率を「ベイズの逆確率」ともいうのは、アプリを使用しているという「結果」から男女の別という「原因」を計算して求めているからである。

男子の事前確率は 0.55，ある学生がアプリを使用しているという情報が増えて，事後確率は 0.37931 になり，女子の事前確率は 0.45，情報が増えて事後確率は 0.62 となった。つまり，「アプリを使用している」という情報によって女子である確率が増えた。

図表 4-6　アプリの問題の事前確率と事後確率

	男子	女子	和
事前確率	0.55	0.45	1
事後確率（ベイズ逆確率）	0.37931	0.62069	1

例2：ある会社は，工場を3つ持っていて，A工場，B工場，C工場とよぶ。A工場とB工場とC工場以外での生産はなく，各工場は製品を原材料から完成品まで一貫して生産している。各工場の生産比率は，A工場が60％，B工場が25％，C工場が15％である（$0.6+0.25+0.15=1$）。そして，それぞれの工場の不良品率は，A工場が10％，B工場が5％，C工場が1％である。この会社の製品から不良品が1個見つかったとき，その不良品がA工場で製造された確率，B工場で製造された確率，C工場で製造された確率はそれぞれいくらであろうか。

それぞれの工場で生産されたことを「事象A」「事象B」「事象C」，不良品であることを「事象F」とすると，$P(A)=0.6$，$P(B)=0.25$，$P(C)=0.15$，
　$P(F|A)=0.1$，$P(F|B)=0.05$，$P(F|C)=0.01$
と表される。このとき，この会社全体の不良品率は，

$$P(F|A)P(A)+P(F|B)P(B)+P(F|C)P(C)$$
$$=0.1\times0.6+0.05\times0.25+0.01\times0.15$$
$$=0.074$$

と表現される。

第4章　確率と確率変数と確率分布

図表4-7　不良品率の問題の事前確率と事後確率（その1）

	生産割合（事前確率）	不良品率（工場内）
A工場	$P(A)=0.6$	$P(F|A)=0.1$
B工場	$P(B)=0.25$	$P(F|B)=0.05$
C工場	$P(C)=0.15$	$P(F|C)=0.01$

この不良品が A 工場で製造された確率は，

$$P(A|F) = \frac{P(F|A)P(A)}{P(F|A)P(A)+P(F|B)P(B)+P(F|C)P(C)}$$

$$= \frac{0.1\times 0.6}{0.1\times 0.6+0.05\times 0.25+0.01\times 0.15}$$

$$= 0.810810810$$

B 工場で製造された確率は，

$$P(B|F) = \frac{0.05\times 0.25}{0.1\times 0.6+0.05\times 0.25+0.01\times 0.15} = 0.168918919$$

C 工場で製造された確率は，

$$P(C|F) = \frac{0.01\times 0.15}{0.1\times 0.6+0.05\times 0.25+0.01\times 0.15} = 0.020270270$$

である。この 0.810810810 や 0.168918919 や 0.020270270 が「事後確率」である。「不良品であった」という情報により，それが A 工場で製造された確率が高まったことが事前確率と事後確率の比較によってわかる。

図表4-8　不良品の問題の事前確率と事後確率（その2）

	A工場	B工場	C工場	和
事前確率	0.6	0.25	0.15	1
事後確率（ベイズの逆確率）	0.81081	0.16892	0.02027	1

問題 4.10 ある製品を新工場と旧工場で製造している。新工場では製品の 70％，旧工場では 30％を製造している。新工場の不良品率は 0.1％，旧工場の不良品率は 0.5％である。この製品の 1 つが不良品であったとき，それが新工場で作られた確率と，旧工場で作られた確率を求めよ。

第 2 節　確 率 変 数

確率変数とは，前節で事象とよんでいたものに，その生起確率という数値をあてはめて考える概念である。本節では確率変数を「離散型確率変数」と「連続型確率変数」にわけて考える。

1　離散型確率変数について　―期待値や分散の考え方―

離散型確率変数の例として「サイコロの目」がある。サイコロの目には 1，2，3，4，5，6 の 6 種類の可能性があり，1.5 という目はない。1 と 2 は離散している（離れている）のである。このような離散した値を「離散値」という。その確率変数がとりうる値が離散値であるとき，その確率変数を「離散型確率変数（discrete random variable）」という。

記述統計において，「代表値」あるいは「分布の中心」と考えていたものが，確率変数におけるそれは「期待値」となる。離散型確率変数の期待値はその値とその生起確率の積和（「確率変数の値×その生起確率」の総和）で表される。たとえば，サイコロの目の期待値は，

$1 \times (1/6) + 2 \times (1/6) + 3 \times (1/6) + 4 \times (1/6) + 5 \times (1/6) + 6 \times (1/6) = 3.5$

である。

確率変数 x がとりうる値を x_1, x_2, $\cdots$, x_n とし，それぞれの生起確率を p_1, p_2, $\cdots$, p_n としたとき，x の期待値 $E(x)$ は，

$$E(x) = \sum_{i=1}^{n} x_i p_i = x_1 p_1 + x_2 p_2 + \cdots + x_n p_n$$

と表現される。$E(\ )$ の E は expect に由来する。確率変数の期待値はしばしば μ（みゅう）と表現される。

離散型確率変数の分散を，平均との差の2乗値の期待値としてみれば次のように表現される。

$$Var(x) = E\{(x-\mu)^2\}$$
$$= \sum_{i=1}^{n} \{(x_i-\mu)^2 p(x_i)\}$$
$$= (x_1-\mu)^2 p(x_1) + (x_2-\mu)^2 p(x_2) + \cdots + (x_n-\mu)^2 p(x_n)$$

1から6の目がそれぞれ1/6ずつの確率で出るサイコロの目の分散は，

$$(1-3.5)^2 \times (1/6) + (2-3.5)^2 \times (1/6) + (3-3.5)^2 \times (1/6) + (4-3.5)^2$$
$$\times (1/6) + (5-3.5)^2 \times (1/6) + (6-3.5)^2 \times (1/6) = 2.916667$$

である。

次に離散型確率変数の分布として「2項分布」と「ポアソン分布」について学ぶ。以降，小数点以下の桁数は適当なところで丸め処理を行って表示する。

1）2項分布

2項分布の「2項」とは「当てはまる」か「当てはまらない」の2つのうちどちらかになるという現象をさす。そしてここで考察する2項分布では，サイコロのある目が出る確率とか，コインの表が出る確率など「当てはまる」確率が一定であることが求められる。

たとえば，サイコロを振ったとき「1の目が出る」と「1の目が出ない」の2通りが考えられ，さらに「1の目が出る」確率は1/6，「1の目が出ない」確率は5/6であることがわかっているとしよう。サイコロを4回振ったとき，「1の目が出た回数が0回である」確率と，「1回だけ1の目が出る」確率と，

「2回1の目が出る」確率と,「3回1の目が出る」確率と,「4回とも1の目が出る」確率を求めるというような問題に2項分布の考え方が適用される。1の目が出る回数の確率は, 次の2項分布の公式

$$P(x) = {}_nC_x p^x (1-p)^{n-x} \qquad x = 0, 1, \cdots, n$$

によって求められる。n は試行回数, x はそのことが起こる回数, p はそのことの生起確率（サイコロで1の目が出る確率は1/6）である。

以下にこの公式の意味を理解するための説明を記す。どんな数字も0乗は1であることを知っているとよい。

この問題で1回も1の目がでない確率は,

$(5/6)×(5/6)×(5/6)×(5/6)=0.482253$ となる。また, 1回だけ1の目が出る確率を考えるときは, 出る目の確率だけを考えると, $(1/6)×(5/6)^3=0.09645$ であるが, 4回のうち1回だけ1の目が出るパターンは「1の目が出る, 出ない, 出ない, 出ない」「1の目が出ない, 出る, 出ない, 出ない」「1の目が出ない, 出ない, 出る, 出ない」「1の目が出ない, 出ない, 出ない, 出る」の互いに排反で, 等確率で起こる4通りがあることを考えると, $(1/6)×(5/6)^3$ を4倍するべきである。この出方のパターン数は4つから1つを選び出す組合せの数と考えることができる。${}_4C_1=4$。したがって, 4回サイコロを振って1回だけ1の目が出る確率は ${}_4C_1×(1/6)×(5/6)^3=0.3858$ である。同様にして4回のうち2回1の目が出る確率は ${}_4C_2×(1/6)^2×(5/6)^2=0.11574$, 4回のうち3回1の目が出る確率は ${}_4C_3×(1/6)^3×(5/6)=0.015432$, 4回とも1の目が出る確率は ${}_4C_4×(1/6)^4=0.0007716$ と計算される。

以上のことをまとめると, 試行回数を n, そのことが起こる回数を x, そのことの生起確率を p とすれば, そのことが起こる回数ごとの確率を求める式は以下のように表される。（前述の公式と同じ。）

$$P(x) = {}_nC_x p^x (1-p)^{n-x} \qquad x = 0, 1, \cdots, n$$

ここで必要とされる情報は「試行回数」「そのことが起こる回数」「そのことの生起確率」の3つである。このようにして，前述の2項分布の公式が導き出された。ここからは，「そのことの生起確率」を「成功率」とよぶ。

図表4-9　1の目が出る回数とその確率

1の目が出る回数	確　　率
0	$_4C_0 \times \left(\frac{1}{6}\right)^0 \times \left(\frac{5}{6}\right)^4 = 0.482253$
1	$_4C_1 \times \left(\frac{1}{6}\right) \times \left(\frac{5}{6}\right)^3 = 0.3858$
2	$_4C_2 \times \left(\frac{1}{6}\right)^2 \times \left(\frac{5}{6}\right)^2 = 0.11574$
3	$_4C_3 \times \left(\frac{1}{6}\right)^3 \times \left(\frac{5}{6}\right) = 0.015432$
4	$_4C_4 \times \left(\frac{1}{6}\right)^4 \times \left(\frac{5}{6}\right)^0 = 0.000772$
合計	1（理論的には完全に1）

2項分布はn（試行回数）とp（成功率）によってその分布が表されるものであり，$B(n,p)$と表される。特に$n=1$（試行回数が1回）のときの2項分布は

$$P(x) = p^x(1-p)^{1-x} \quad x = 0, 1$$

で表され，「**ベルヌーイ分布**」という。サイコロを1回振って，1が出る確率は$P(1) = (1/6)(5/6)^0 = 1/6 = 0.166667$であり，1が出ない確率は
$P(0) = (1/6)^0(5/6) = 5/6 = 0.833333$である。

2項分布の平均と分散

2項分布の平均はnp，分散は$np(1-p)$である（照明略）。

サイコロを4回振って1の目が何回出るかを観察した2項分布の問題に戻ろ

う。離散型確率変数の期待値を表す $E(x) = \sum_{i=1}^{n} x_i p_i = x_1 p_1 + x_2 p_2 + \cdots + x_n p_n$ という式にあてはめると，この問題の期待値は
$0 \times 0.482253 + 1 \times 0.3858 + 2 \times 0.11574 + 3 \times 0.015432 + 4 \times 0.000716 = 0.66644$
である。これは小数点以下の桁での丸目処理による誤差を考慮すると
$np = 4 \times (1/6) = 0.666666\cdots$ という理論値と一致する。このサイコロの例の分散は $4 \times (1/6) \times (5/6) = 0.555555\cdots$ と計算される。

[例題] サイコロを4回振って1の目が1回もでない（0回出る）確率は，どんな数も0乗は1であるため，$(1/6)^0 = 1$ をつかって，
$_4C_0 \times (1/6)^0 \times (5/6)^4 = {_4C_0} \times (5/6)^4 = 0.482253$ となる。

この計算を図表4-1の関数電卓で行うなら，
| 4 | ALT | ÷ | 0 | × | (| 5 | ÷ | 6 |) | X^Y | 4 |) | = |
で求められる。

同様にして1の目が1回出る確率，2回出る確率，3回出る確率，4回とも1の目が出る確率を計算して図表4-9の結果と一致するか確認してみよう。

問題 4.11　コインを10回投げたとき，表が1回も出ない確率，1回〜10回出る確率をそれぞれ求めなさい。このコインは表，裏それぞれ1/2ずつの確率で出る。

問題 4.12　サイコロを10回振ったとき，出た目が3の倍数である回数の期待値と分散を求めよ。

2)　ポアソン分布

大量生産されている工場で生産される製品を無作為に1個手に取ったとき，その部品が不良品である確率は非常に小さい。しかし，その工場で1か月に生

産される大量の部品の中にはいくつかの不良品が見いだされる。交通事故も，ある自動車1台に注目すれば事故を起こす確率は小さいが，何万台もの自動車を観察すればどれかの自動車が事故を起こす可能性を考えることはできる。このように，たまたま手に取った1個，あるいは1台の自動車ではその事象が起こる確率は非常に小さいが，多数を観察するとある一定の確率で起こる場合の確率分布をポアソン分布という。

ポアソン分布するとみなされるには，以下の4つの前提条件が成立していなければならない。

① 「不良品」とか「交通事故が起こる」というような観察される個々の事象は互いに独立である
② 非常に短い時間単位の中では，その事象が2回以上同時に発生する確率はほとんど0である。2回以上同時に発生するときは時間間隔をより短くして1回だけ生起するようにする。
③ ある時間単位の中で1回事象が生じる確率は，その区間の長さに比例する。
④ 無限回事象が生じることも考えられる。

ポアソン分布は，2項分布の期待値 np を一定に保ったまま，n を非常に大きく，同時に p を 0 に向かうようにした分布といえる。「2項分布の極限」ともいえる。**図表4-10**に示すように n が大きく，p が 0 に近いとき，分布の平均を $\lambda = np$ とするポアソン分布は2項分布をよく近似する。**図表4-10** は $n = 300$, $p = 0.05$ の2項分布と $\lambda = 15$ のポアソン分布が近似していることを示している。

図表 4-10　2 項分布を近似するポアソン分布

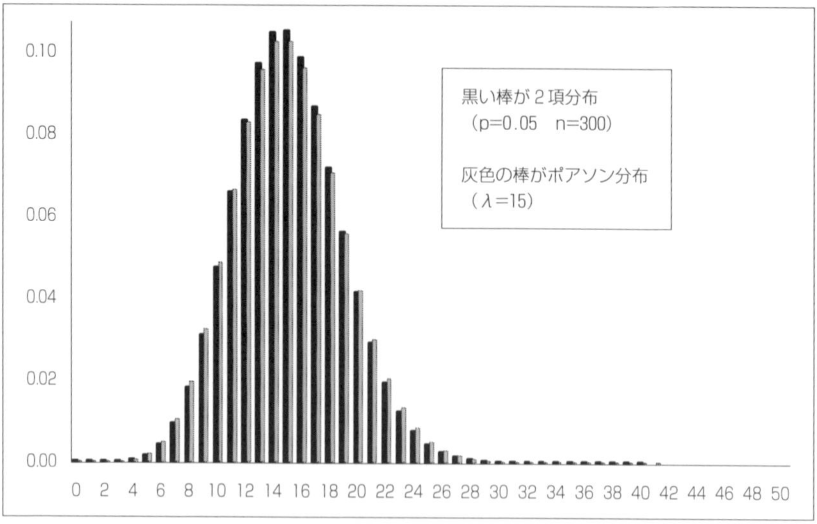

黒い棒が 2 項分布
（p=0.05　n=300）

灰色の棒がポアソン分布
（λ=15）

　ポアソン分布はその事象が起こる平均だけで決定する分布である。この平均を λ とする。ポアソン分布における平均は 2 項分布の平均 np と同種のものと考えられる。ある部品工場の大量な生産物のうちの不良品に関する分布といったものがポアソン分布の例であり，不良品率が 0.1％で月間 1 万個の生産のときは，$\lambda = 10$ が月間不良品の平均である。λ，すなわち平均が 10 ということは，この部品工場の部品 1 万個に，「不良品が 1 つもない」「1 個」「2 個」「20 個」と様々に考えられるなかで，その，平均を考えるとき「10 個」であったという意味である。

　ポアソン分布における不良品が x 個の確率は以下の式で求められる。

$$P(x) = \frac{\lambda^x e^{-\lambda}}{x!}$$

　この式での分子に含まれる e は「ネイピアの e」とか「ネイピア数」とよばれるもので 2.71828… の値をもつ。パーソナル・コンピュータや関数電卓を用いるときは e の扱いを確認しておくべきである。Excel では = exp 関数，関数

電卓には e^x ボタンがある。このポアソン分布の公式は 2 項分布の確率 $P(x) = {}_nC_x p^x (1-p)^{n-x}$ の $n \to \infty$, $p \to 0$ の極限式として得られたものである。

図表 4-11 に λ の値によってポアソン分布の確率分布がどのように変化するかを示す。$\lambda = 2$ のときは 2 を中心に，$\lambda = 5$ のときは 5 を中心に，$\lambda = 15$ のときは 15 を中心に分布していることがわかる。

図表 4-11 λ の値によるポアソン分布の変化

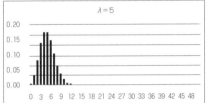

なお，ポアソン分布の平均は λ，分散も λ である。（証明略）

[例題] ポアソン分布をスマートフォンの関数電卓で計算する方法を紹介する。ある交差点での 1 年間の事故率は 2 ％である。このとき，5 年間その交差点を観察したとき，事故が 1 回起こる確率を求めよ。という問題に対しては，112 ページの公式から $P(1) = \dfrac{\lambda^1 e^{-\lambda}}{1!}$ であり，$\lambda = 5 \times 0.02 = 0.1$ である。したがって，

| 0 | . | 1 | × | ALT | ln | - | 0 | . | 1 |) | = |

で 0.090483741804 という答がもとめられる。 ALT ln で $e\char`\^($ と表示

113

される。もし2回起こる確率を求めたければ，

| 0 | . | 1 | X^Y | 2 |) | × | ALT | ln | - | 0 | . | 1 |) |
| ÷ | 2 | = |。0.00452418709と答が表示される。

　ポアソン分布の例題では，二重三重にかかるかっこはないが，関数電卓で間違いなくタップしたと思われるのに，答が間違っているときは，分子と分母の区切りのかっこがないだけの場合が多い。

問題4.13 ある工場で製造する製品の不良品率は0.02％であることがわかっている。このとき，10000個の製品に不良品が1個以下（0個か1個）である確率を求めよ。

問題4.14 ある事務所には1時間に平均3人のお客が来る。ポアソン分布を用いて，この事務所に1時間に4人以上来る確率を求めよ。

【Excelで2項分布とポアソン分布を体験してみよう】

　Excelで2項分布に関連する関数はいくつかあるが，ここでは=BINOM.DIST関数を使用してみよう。

　図表4-12は=BINOM.DIST関数を入力したときの引数指定ウィンドウである。このように指定すると，サイコロを4回振って，2回1の目が出る確率が求められる。「関数形式」は0以外の数値あるいはTRUEと入力すると「TRUE」と認識され，その場合は累積分布関数，つまり，この例では1の目が0回，1回，2回の確率の和が返される。2回のときだけの確率を求めたいときは，**図表4-12**のように「関数形式」の欄には0またはFALSEと入力する。

第4章 確率と確率変数と確率分布

図表4-12 BINOM.DIST関数の引数の設定ウィンドウ

ポアソン分布に関する関数としては，= POISSON.DIST 関数を紹介する。引数は「イベント数」（公式の x に相当），平均（公式の λ に相当），関数形式についてはTRUEは累積ポアソン確率，FALSE はポアソン確率が求められる。**図表4-13**は $\lambda = 15$ のときの $P(13)$ のポアソン確率を求める例である。

図表4-13　POISSON.DIST関数の引数の設定ウィンドウ

```
関数の引数                                    ?    ×
POISSON.DIST
         イベント数  13              ↑  = 13
           平均    15              ↑  = 15
         関数形式  false            ↑  = FALSE
                                    = 0.095606809
ポワソン分布の値を返します。
              関数形式  には返される確率分布の形式を表す論理値を指定します。TRUE を指定した
                    場合は累積ポワソン確率が計算され、FALSE を指定した場合はポワソン確率
                    が計算されます。

数式の結果 =  0.095606809

この関数のヘルプ(H)                              OK      キャンセル
```

＝POISSON.DIST関数を用いれば，e を用いることはないが，e の値を知りたい場合は，＝exp(1)で値(2.71828…)を知ることはできる。なお，関数電卓でも e^x と表示されたボタンをタップして指数を1にすると e の値を求めることができる。 ALT   ln   1   )   = である。

2　連続型確率変数

前節で学んだ離散型確率変数に対して，その確率変数のとりうる値が連続的である場合，そのような確率変数を「連続型確率変数（continuous random variable）」という。「連続型確率変数」の「連続」とはどんな小さな単位を用いてはかってもはかり切れないような余分が生じる現象をさす。連続量としての1と2の間には1.01とか1.999999など無限に細かい刻みがあると想定できる。このような現象は長さや重さの測定値にもあてはめられる。たとえば，2つの地点の距離を厳密に測定した場合，測定するごとに測定値に微小な変動がみられるだろう。このような連続量が確率変数となっているのが「連続型確率

変数」である。

　連続型確率変数を考えるときには，その変数が特定の一点をとる確率は0と考える。1から5の間の値を取る連続型確率変数を考えると，1から5の間が無限に分割されているので，たとえば2という値をとる確率は$1/\infty$，つまり0と考えられる。そこで，連続型確率変数の場合は，特定の値ではなく，「範囲」を考え，たとえば，2から3の間をとる確率はどのくらいか，ということを考察の対象とする。連続型確率変数Xについて，$2 \leq X \leq 3$である確率はどのくらいかを考える。このとき，2，あるいは3という特定の値を取る確率は0であるから，上記の範囲は$2 < X < 3$と表現してもかまわない。範囲の端が含まれるか含まれないかは問題にならないのである。このことは統計の対象とするデータの分布として，**図表4-14**のように表現されているとき，「160」や「170」や「180」である確率は0であるが，網掛け部分で示されるような「170〜180」である確率は数値で表現することができることに相当する。

図表4-14　確率分布と確率密度

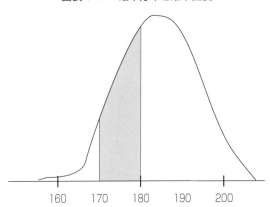

　本章では連続型確率変数の例として「正規分布」をとりあげる。

1) 正規分布

「連続型確率変数」のなかでも，平均の近くが最も出現頻度が大きく，そこから離れるに従って左右対称に出現頻度が小さくなるという，さまざまな事象に広くみられる一峰のベル型の分布を「正規分布」という。正規分布は，

① 一峰性。
② 左右対称。
③ 「(算術) 平均」と「中央値」と「最頻値」が一致する。
④ 「平均」と「標準偏差」のみでその分布が決定する。

という特徴を備えている。

図表 4-15　正規分布の概形

　連続型確率変数がとりうる値は無限にあるため，「ある値そのもの」をとる確率を考えることはあまり意味がなく，理論上では 0 とする。しかし，「ある値以上」や「ある値以下」の確率は想定しうる。「ある値以上」とは連続型確率変数が「その値から無限大まで」をとる確率であり，「ある値以下」は連続型確率変数が「無限小からその値まで」をとる確率である。これは前述の測定の例でいえば，10km 離れていると考えられている地点の距離を測定した場合，10.001km と測定される確率は 0 と想定するが，10,001km 以上と測定される

確率は0ではない何らかの値をもつということに相当する。連続型確率変数は特定の値をとる確率を0と考えるので，確率変数が含まれる区間に関しては区間の端が等号か不等号かは重要ではない。たとえば確率変数が−1と1の間に含まれる確率を考えるとき，その区間について，$-1 \leq X \leq 1$，$-1 < X \leq 1$，$-1 \leq X < 1$，$-1 < X < 1$ は同等の意味をもつ。

図表4-16は横軸が連続型確率変数のとりうる値を表すとして，測定値が10.001km以上の測定値を得る確率は10%であることを表す。この場合の100%とは，測定値のとりうる値を $-\infty$ から ∞ とした場合である。

図表4-16　正規分布の確率密度関数（曲線部）と分布関数（灰色部分）

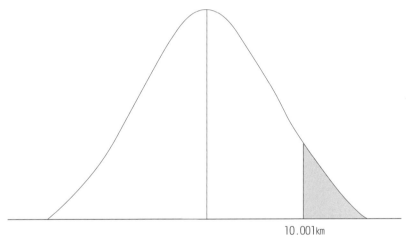

測定値が10.001kmである確率は理論的に0とみなすが，
測定値が10.001kmより長くなる確率（図の灰色の面積）は全体の0.1である。

正規分布の密度関数（曲線）の下側の面積全体を1とすると，
灰色部分は0.1（10%）である。

また，確率変数がとりうる値と，その出現頻度をあらわす曲線は「確率密度関数」あるいは単に「密度関数」とよばれる。**図表4-16**に見られるような曲線は正規分布における確率密度関数を表したもので，平均（中央値でもあり，

最頻値でもある)のところが最も出現頻度が高く,平均から離れるに従って徐々に左右対称に減り,あるところで減り方が急になる。徐々に減る状態から急に減る状態への変曲点は平均から標準偏差分離れたあたりであることが知られている。

「確率密度関数」とは,グラフの横軸の値に対応する出現頻度(理論的には連続型確率変数の場合は0であるが)を曲線の高さで表したものである。一方,「累積分布関数」は横軸の $-\infty$ から指定した値までの曲線の下側の面積が全体($-\infty$ から ∞)を1としたとき,どのぐらいを占めるかを表すものである。

ここで正規分布の確率密度関数をあげる。

$$f(x) = \frac{1}{\sqrt{2\pi}\,\sigma} e^{-\frac{(x-\mu)^2}{2\sigma^2}}$$

π は円周率(3.141592654…),e は「ネイピアの e」である。ネイピアの e は「自然対数の底」ともよばれ,その値は2.71828…であるが,関数電卓では e のまま,数値に置き換えずに使用することができる。μ はその正規分布の平均,σ は標準偏差である。この数式にはたくさんの記号が用いられているようにみえるが,π と e は定数であり,μ(平均)と σ(標準偏差)のみが正規分布ごとにさまざまに変化する値である。上述の正規分布の特徴の④で示されるように,正規分布は平均と標準偏差のみで特定される分布である。平均が μ で分散が σ^2 の正規分布を $N(\mu, \sigma^2)$ と表す。

「確率密度関数」と「累積分布関数」の間には,密度関数が分布関数の傾きを表すために,分布関数を微分すれば密度関数になり,密度関数を積分すれば分布関数になる関係がある。

正規分布の平均と標準偏差

どの正規分布も平均から標準偏差の何倍離れた範囲にどのぐらいの割合のデータが含まれるかは確定している。

第4章 確率と確率変数と確率分布

例題：ある試験の得点分布が平均60点，標準偏差7点の正規分布であることがわかった。得点53点から67点の間（平均±標準偏差の間）にどのくらいのデータが含まれるか。

考え方：126ページで説明する=NORM.DIST関数により，得点67までに含まれるデータが全体に占める割合がわかる。=NORM.DIST関数の第1引数は得点，第2引数は平均，第3引数は標準偏差，第4引数は累積分布関数か確率密度関数かをTRUEかFALSEで指定する。

=NORM.DIST(67,60,7,TRUE)−NORM.DIST(53,60,7,TRUE)により，答は0.682689。約68.27パーセントのデータが平均±標準偏差の範囲にある。

同じようにして，（平均±標準偏差），（平均±2×標準偏差）の範囲にどのくらいのデータが存在するかを計算したら，**図表4-17**のような結果になった。確かめてみよう。

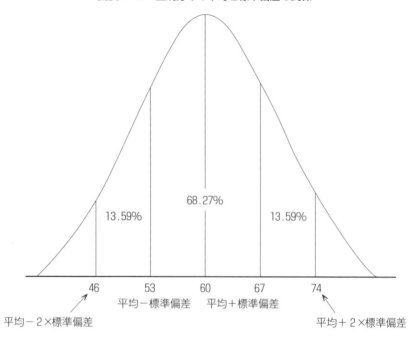

図表4-17　正規分布の平均と標準偏差の関係

標準正規分布

　正規分布するデータを標準化する，つまり，平均を引いて標準偏差で割ると，すべての正規分布は平均が0で，標準偏差が1（したがって分散も1）の「標準正規分布」になる。標準化によって，さまざまな平均や標準偏差をもつ正規分布を「標準正規分布」という一つの正規分布に変換することができる。標準正規分布は$N(0,1)$と表される。

　120ページで挙げた正規分布の密度関数の式に$\mu=0$，$\sigma=1$を代入すると，標準正規分布の確率密度関数は以下のようになる。

$$f(x) = \frac{1}{\sqrt{2\pi}} e^{-\frac{x^2}{2}}$$

第4章　確率と確率変数と確率分布

図表4-18　様々な平均や標準偏差をもつ正規分布と標準正規分布

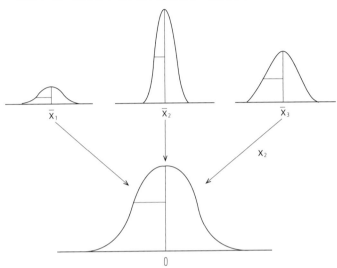

なお，正規分布する各データを標準化した値を「Z」あるいは，「Z得点」とよぶことがある。

$$Z = \frac{X - \mu}{\sigma}$$

問題4.15　ある集団での女性の身長は平均が160cmで，標準偏差が10cmだったとする。身長180cmを標準化せよ。

問題4.16　ある集団での女性の身長は平均が160cmで，標準偏差が10cmだったとする。身長160cmを標準化せよ。

図表4-20は，「正規分布表（上側確率）」である。正規分布表は，標準正規分布に基づいて作られている。正規分布上のある値を標準化した値，つまりZの小数点第1位までを左端の1列から探して，小数点第2位は最上段の行から探してクロスしたとこにある値が「その値以上」をとる確率である。正規

123

分布表にはさまざまな形式があるが，図表4-20は求めたZの値以上をとる確率を一覧表にしたものである。なお，正規分布表は巻末にも付す。

　図表4-20のような正規分布表を作成するには，A列にZの小数点第1位までの値，1行目に0.00から0.09のように入力して（図表4-20参照），B2のセルに
　=1-NORM.S.DIST($A2+B$1,TRUE)
と入力してその式を表全体にコピーする。式は1つだけ入力すればよい。=NORM.S.DIST関数については128ページ以降でも説明する。絶対参照の「$」に関する知識と小数点以下の桁数を調節することができれば，巻末にある正規分布表と同じものが作れるはずである。なお，図4-19のように，指定した値より大きい確率を「上側確率」という。

図表4-19　正規分布表が表している範囲（上側確率）

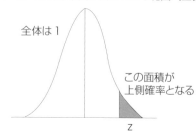

第4章　確率と確率変数と確率分布

図表4-20　正規分布表（上側確率）

Z	0.00	0.01	0.02	0.03	0.04	0.05	0.06	0.07	0.08	0.09
0.0	0.5000000	0.4960106	0.4920217	0.4880335	0.4840466	0.4800612	0.4760778	0.4720968	0.4681186	0.4641436
0.1	0.4601722	0.4562047	0.4522416	0.4482832	0.4443300	0.4403823	0.4364405	0.4325051	0.4285763	0.4246546
0.2	0.4207403	0.4168338	0.4129356	0.4090459	0.4051651	0.4012937	0.3974319	0.3935801	0.3897388	0.3859081
0.3	0.3820886	0.3782805	0.3744842	0.3707000	0.3669283	0.3631693	0.3594236	0.3556912	0.3519727	0.3482683
0.4	0.3445783	0.3409030	0.3372427	0.3335978	0.3299686	0.3263552	0.3227581	0.3191775	0.3156137	0.3120669
0.5	0.3085375	0.3050257	0.3015318	0.2980560	0.2945985	0.2911597	0.2877397	0.2843388	0.2809573	0.2775953
0.6	0.2742531	0.2709309	0.2676289	0.2643473	0.2610863	0.2578461	0.2546269	0.2514289	0.2482522	0.2450971
0.7	0.2419637	0.2388521	0.2357625	0.2326951	0.2296500	0.2266274	0.2236273	0.2206499	0.2176954	0.2147639
0.8	0.2118554	0.2089701	0.2061081	0.2032694	0.2004542	0.1976625	0.1948945	0.1921502	0.1894297	0.1867329
0.9	0.1840601	0.1814113	0.1787864	0.1761855	0.1736088	0.1710561	0.1685276	0.1660232	0.1635431	0.1610871
1.0	0.1586553	0.1562476	0.1538642	0.1515050	0.1491700	0.1468591	0.1445723	0.1423097	0.1400711	0.1378566
1.1	0.1356661	0.1334995	0.1313569	0.1292381	0.1271432	0.1250719	0.1230244	0.1210005	0.1190001	0.1170232
1.2	0.1150697	0.1131394	0.1112324	0.1093486	0.1074877	0.1056498	0.1038347	0.1020423	0.1002726	0.0985253
1.3	0.0968005	0.0950979	0.0934175	0.0917591	0.0901227	0.0885080	0.0869150	0.0853435	0.0837933	0.0822644
1.4	0.0807567	0.0792698	0.0778038	0.0763585	0.0749337	0.0735293	0.0721450	0.0707809	0.0694366	0.0681121
1.5	0.0668072	0.0655217	0.0642555	0.0630084	0.0617802	0.0605708	0.0593799	0.0582076	0.0570534	0.0559174
1.6	0.0547993	0.0536989	0.0526161	0.0515507	0.0505026	0.0494715	0.0484572	0.0474597	0.0464787	0.0455140
1.7	0.0445655	0.0436329	0.0427162	0.0418151	0.0409295	0.0400592	0.0392039	0.0383636	0.0375380	0.0367270
1.8	0.0359303	0.0351479	0.0343795	0.0336250	0.0328841	0.0321568	0.0314428	0.0307419	0.0300540	0.0293790
1.9	0.0287166	0.0280666	0.0274289	0.0268034	0.0261898	0.0255881	0.0249979	0.0244192	0.0238518	0.0232955
2.0	0.0227501	0.0222156	0.0216917	0.0211783	0.0206752	0.0201822	0.0196993	0.0192262	0.0187628	0.0183089
2.1	0.0178644	0.0174292	0.0170030	0.0165858	0.0161774	0.0157776	0.0153863	0.0150034	0.0146287	0.0142621
2.2	0.0139034	0.0135526	0.0132094	0.0128737	0.0125455	0.0122245	0.0119106	0.0116038	0.0113038	0.0110107
2.3	0.0107241	0.0104441	0.0101704	0.0099031	0.0096419	0.0093867	0.0091375	0.0088940	0.0086563	0.0084242
2.4	0.0081975	0.0079763	0.0077603	0.0075494	0.0073436	0.0071428	0.0069469	0.0067557	0.0065691	0.0063872
2.5	0.0062097	0.0060366	0.0058677	0.0057031	0.0055426	0.0053861	0.0052336	0.0050849	0.0049400	0.0047988
2.6	0.0046612	0.0045271	0.0043965	0.0042692	0.0041453	0.0040246	0.0039070	0.0037926	0.0036811	0.0035726
2.7	0.0034670	0.0033642	0.0032641	0.0031667	0.0030720	0.0029798	0.0028901	0.0028028	0.0027179	0.0026354
2.8	0.0025551	0.0024771	0.0024012	0.0023274	0.0022557	0.0021860	0.0021182	0.0020524	0.0019884	0.0019262
2.9	0.0018658	0.0018071	0.0017502	0.0016948	0.0016411	0.0015889	0.0015382	0.0014890	0.0014412	0.0013949
3.0	0.0013499	0.0013062	0.0012639	0.0012228	0.0011829	0.0011442	0.0011067	0.0010703	0.0010350	0.0010008
3.1	0.0009676	0.0009354	0.0009043	0.0008740	0.0008447	0.0008164	0.0007888	0.0007622	0.0007364	0.0007114
3.2	0.0006871	0.0006637	0.0006410	0.0006190	0.0005976	0.0005770	0.0005571	0.0005377	0.0005190	0.0005009
3.3	0.0004834	0.0004665	0.0004501	0.0004342	0.0004189	0.0004041	0.0003897	0.0003758	0.0003624	0.0003495
3.4	0.0003369	0.0003248	0.0003131	0.0003018	0.0002909	0.0002803	0.0002701	0.0002602	0.0002507	0.0002415

問題4.17　ある集団での女性の身長は平均が160cmで，標準偏差が10cmだった。身長180cmより高い人は何パーセント存在するかを正規分布表から求めよ。標準化した値を**図表4-20**で探そう。

問題4.18　ある集団での女性の身長は平均が160cmで，標準偏差は10cmだった。身長180cmより低い人は何パーセント存在するか。

【Excelで正規分布を体験してみよう】

正規分布に関する関数として，＝NORM.DIST関数と，＝NORM.S.DIST関数と，＝NORM.INV関数と，＝NORM.S.INV関数がある。

正規分布に関する関数その1：NORM.DIST関数

「平均」と「標準偏差」がわかっている正規分布上で，ある値を x として，「関数形式」を「TRUE」としたときは，累積分布関数値（分布全体を1としたときの，その値以下の割合），「FALSE」としたときは，確率密度関数値（その x に対応する y の値→縦軸の値）を返す。確率密度関数値は理論上では0であるが，ここでは，関数形式をFALSEとすればその値が返される（表示される）。

平均50，標準偏差10の正規分布上の45より下の累積分布関数値（$x=45$ までの面積割合）は以下の設定で得られる。

図表4-21　NORM.DIST関数の引数の設定ウィンドウ

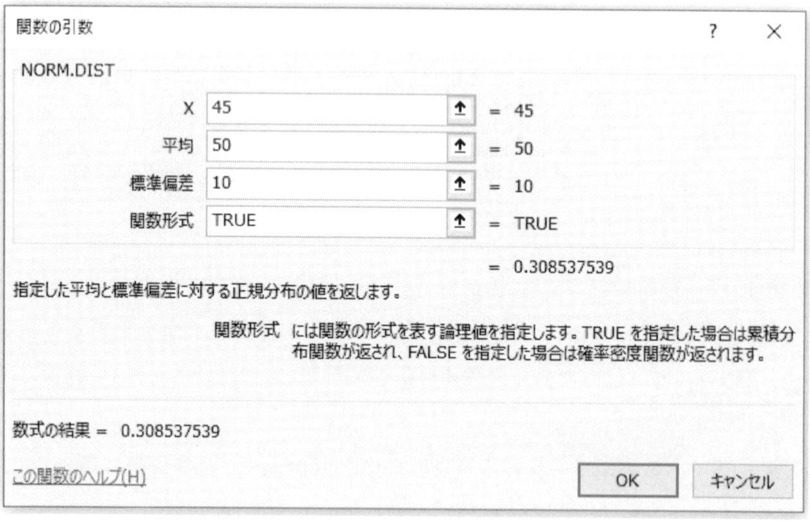

答の 0.308538 は 45 がこの正規分布の下から約 31％のところにあるということを表す。

また，関数形式を「FALSE」としたときは，確率密度関数値，すなわち x が 45 のときの確率密度関数の y 座標の値を返す。

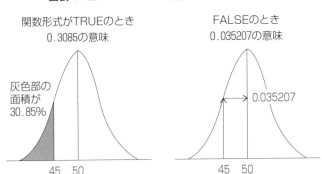

図表 4-22　NORM.DIST関数の関数形式の解釈

問題 4.19　ある地域の食費は平均 6 万円で，標準偏差は 1.5 万円であった。この地域で食費が 4 万 8 千円である世帯は食費が安い方から何パーセントのところに位置しているか。

正規分布に関する関数その 2：NORM.INV 関数

NORM.INV 関数は，NORM.DIST 関数の逆関数である。下から何パーセントの位置にあるかを指定して x の値（x 軸上の値）を求める関数である。平均 50，標準偏差 10 の正規分布上で下から 30％の位置にある値は
＝ NORM.INV（30％, 50, 10）で求められ，44.756 である。30％のところは 0.3 でもよい。

問題 4.20　受験者数が 500 名の試験で，上位 100 名を合格としたい。この試験の得点は正規分布しており，平均点は 65 点，標準偏差は 12 点であった。合

否のボーダーラインは何点か。

正規分布に関する関数その3：NORM.S.DIST関数

NORM.S.DIST関数は，標準正規分布上で，累積分布関数値や確率密度関数値を求める。累積分布関数値は，「関数形式」を「TRUE」とし，確率密度関数値は「FALSE」とする。標準正規分布は平均が0で標準偏差は1なので，この関数の引数として平均や標準偏差を与える必要はない。

標準正規分布上で2より下（$z \leq 2$）の累積分布関数値は以下の設定で得られる。答は，0.977…である。

図表4-23　NORM.S.DIST関数の引数の設定ウィンドウ

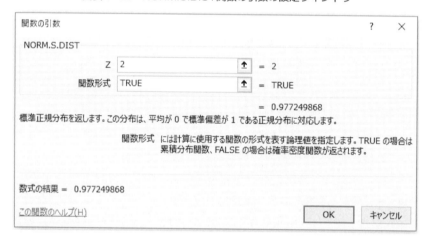

問題 4.21 NORM.S.DIST(-1,TRUE)と1-NORM.S.DIST(1,TRUE)が等しいことを確認し，なぜ等しいかその理由を考えなさい。

正規分布に関する関数その4：NORM.S.INV関数

NORM.S.DIST関数の逆関数である。標準正規分布において下から何パーセントかを指定して，その位置にあるZの値を求める。標準正規分布上で下か

ら30％の位置にある値は＝NORM.S.INV(30％)で求められる。30％のところは0.3でもよい。

図表4-24　NORM.S.INV関数の引数の設定ウィンドウ

問題4.22　標準正規分布において97.5％と99.5％のzの値を求めなさい。

〔第4章　問題の解答〕

問題4.1　39,270通り。

問題4.2　uが2個，kが2個あるので，$10!/(2!\times 2!)=907200$　907200通り。

問題4.3　${}_{35}C_3=6545$　　6545通り。

問題4.4　ハートである確率は13/52，エースである確率は4/52，ハートのエースである確率は1/52。よって，ハートかエースである確率は
　　$13/52+4/52-1/52=16/52=4/13$。　　答は　4/13。あるいは，0.30769…。

問題4.5　ハートである確率は13/52，クラブの絵札である確率は3/52。ハートであることと，クラブの絵札であることは排反なので，
　　$13/52+3/52=16/52=4/13$。　　答は　4/13。

問題 4.6 $P(B|A) = \dfrac{P(A \cap B)}{P(A)} = \dfrac{0.1}{0.4} = \dfrac{1}{4} = 0.25$

問題 4.7 電車に乗った学生の割合は $P(A) = 0.6$，バスに乗った学生の割合 $P(B) = 0.5$，電車とバス両方に乗った学生の割合は $P(A \cap B) = 0.3$，電車に乗った学生の中バスに乗った学生は

$$P(B|A) = \dfrac{P(A \cap B)}{P(A)} = \dfrac{0.3}{0.6} = \dfrac{1}{2} = 0.5$$

問題 4.8 1回目に偶数の目が出る確率は 1/2，2回目に奇数の目が出る確率も 1/2 で互いに独立である。したがって，1/2×1/2＝1/4。 答は 1/4。

問題 4.9 奇数の目が出る事象を A，4以上の目が出る事象を B とすると，以下の不等式により「独立でない」。A∩B は 5 の目だけが該当する。
$P(A) = 3/6 = 1/2$　　$P(B) = 3/6 = 1/2$
$P(A \cap B) = 1/6 \neq P(A) \cdot P(B) = 1/4$

問題 4.10 新工場で作られた確率は $\dfrac{0.001 \times 0.7}{0.001 \times 0.7 + 0.005 \times 0.3} = 0.318$

旧工場で作られた確率は $\dfrac{0.005 \times 0.3}{0.001 \times 0.7 + 0.005 \times 0.3} = 0.682$

新工場で作られた確率は 31.8%，旧工場で作られた確率は 68.2%。

問題 4.11 0回の確率 0.00098，1回の確率 0.00977，2回の確率 0.04395，3回の確率 0.11719，4回の確率 0.20508，5回の確率 0.24609，6回の確率 0.20508，7回の確率 0.11719，8回の確率 0.04395，9回の確率 0.00977，10回の確率 0.00098

問題 4.12 サイコロの目のなかで 3 の倍数となるとは 3 と 6。この確率は 1/3。3 の倍数が出る回数を x とすると，x は 2 項分布 $B(10, 1/3)$ に従う。2 項分布の平均は，np，分散は $np(1-p)$ なので，期待値は 10/3，分散は $10/3(1-1/3) = 10/3 \times 2/3 = 20/9$ である。

問題 4.13 不良品が 0 個である確率と 1 個である確率の和を求めればよい。
$P(x) = (\lambda^x e^{-\lambda})/x!$ に $\lambda = 10000 \times 0.0002 = 2$ を代入する。

第4章　確率と確率変数と確率分布

$P(0) = 2^0 \times e^{-2} / 0! = e^{-2} = 0.13523528\cdots$
$P(1) = 2 \times e^{-2} / 1! = 2e^{-2} = 0.27067056\cdots$
$P(0) + P(1) = 0.406\cdots$　　答　約 0.406

なお，Excel の POISSON.DIST 関数では = POISSON.DIST(1,2,TRUE) で，不良品が 0 個の確率と 1 個の確率の和が求められる。
= POISSON.DIST(0,2,false) + POISSON.DIST(1,2,false) でもよい。関数電卓で計算するときは，$\boxed{e^x}$ ボタンを使用する。

問題 4.14　平均は 3 である。お客さんが 0 人である確率と 1 人である確率と 2 人である確率と 3 人である確率の和を 1 から引く。

0 人の確率　$P(0) = 3^0 \times e^{-3} / 0! = e^{-3} = 0.049787$
1 人　$P(1) = 3 \times e^{-3} / 1! = 0.1493612$
2 人　$P(2) = 3^2 \times e^{-3} / 2! = (9 \times e^{-3})/2 = 0.2240418$
3 人　$P(3) = 3^3 \times e^{-3} / 3! = (27 \times e^{-3})/6 = 0.2240418$
$1 - (0.049787 + 0.1493612 + 0.2240418 + 0.2240418) = 0.3527682$

答　35.3%

問題 4.15　$(180 - 160)/10 = 2$。この例の身長 180cm の Z は 2 である。

問題 4.16　$(160 - 160)/10 = 0$。この例の身長 160cm の Z は 0 である。

問題 4.17　$(180 - 160)/10 = 2$ より，正規分布表の 2.00 に該当する場所には 0.0227501 とある。答は 2.27501% である。

問題 4.18　180cm より低い人は 1 から問題 4.17 で求めた値を引けばよい。
答は　97.7295% である。

問題 4.19　= NORM.DIST(4.8,6,1.5,TRUE) により 0.211855 を得る。下から 21.1855% である。

問題 4.20　= NORM.INV(80%,65,12) により，75.09945 点である。

問題 4.21　どちらも $0.158655\cdots$ となる。NORM.S.DIST 関数を 1 から引くことにより，第 1 引数の値より「大きい」範囲の累積分布関数値を求めることができる。標準正規分布は平均の 0 を中心に左右対称であるから z が 1 より大きい面積と -1 より小さい面積は同じとなる。

問題4.22　= NORM.S.INV(97.5%) = 1.959964 ≒ 1.96

= NORM.S.INV(99.5%) = 2.575829 ≒ 2.58

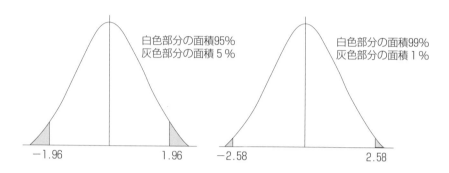

図表4-25　問題4.22の解釈

〔参考文献〕

市原清志・佐藤正一　『カラーイメージで学ぶ統計学の基礎　第2版』　日本教育研究センター　2011年3月15日

木下宗七編　『入門統計学［新版］』　有斐閣　2011年2月20日

栗原伸一　「入門統計学 ―検定から多変量解析・実験計画法まで―」　オーム社　2011年7月25日

小島寛之　『完全独習　統計学入門』　ダイヤモンド社　2017年4月26日

小島寛之　『完全独習　ベイズ統計学入門』　ダイヤモンド社　2016年1月21日

鳥居泰彦　『はじめての統計学』　日本経済新聞出版社　2008年2月8日

牧厚志・和合肇・西山茂，人見光太郎・吉川肇子・吉田栄介・濱岡豊　『経済・経営のための統計学』　有斐閣　2005年3月10日

宮川公男　『基本統計学［第3版］』　有斐閣　2004年5月30日

P.G.ホーエル　『初等統計学　原書第4版』　培風館　2016年2月25日

「統計WEB」の「統計学の時間」　株式会社社会情報サービス（https://bellcurve.jp/statistics/course/）（2018年5月現在）

第5章　母集団と標本と推定と検定

　本章では母集団と標本についての基礎知識と，Excelで計算できる範囲の推定や検定について述べる。推定や検定についての重要な概念はほとんどExcelで計算できる。

　母集団と標本についての知識が必要になる統計学の分野を「推測統計」という。「推測統計」は，手元にあるデータは母集団の一部，すなわち「標本」であり，この標本から得られた情報をもとに「母集団の平均」や「母集団の分散」を推測するものである。統計学では，推定や検定に用いられる思考過程はすべて「公式」に盛り込まれており，公式に当てはめれば，容易に標本から母集団の統計量を推測したり，検定することはできる。特にパーソナル・コンピュータを使用する場合は公式すら覚える必要がなく，データを入力して，画面に表示されるメニューを選択するだけでよい。しかし，その公式がどのように定められたか，とか，このメニューはどのような計算過程を想定して設けられたものかという知識がないままであれば，公式もパーソナル・コンピュータもうまく使いこなせないものである。誤った結論に導かれることすらある。

　本章では，母集団と標本についての基本的な知識と，母集団に関する推定と，主にExcelの「データ分析」のメニューにある検定（z検定，t検定，分散分析）を学ぶ。z検定やt検定や分散分析などは母集団が正規分布するとか，t分布するとか，無作為抽出が完全にできているというような前提のもとに使用されることが多く，社会科学の分野でそのまま使用できるものではないかもしれないが，考え方の基本や統計用語などを理解するために学んでおいたほうがよい。

第1節 標本について

1 社会科学で扱うデータと本章の内容

　経済学などの社会科学が対象とするデータの多くは，正規分布せず，また，大量であり，偏りなく無作為に標本を抽出することは難しい。そのため，標本数を大きくとって慎重に分析することが求められる。総務省統計局が実施している標本調査である家計調査では約9000世帯のデータを分析している。調査結果の信頼性を高めるには，広く偏りなくデータを集めることが大切である。
　社会科学が分析対象とするデータはこのように正規分布しない大量なものであり，その分析には平均や分散などの基本的な分析を適用する場合とともに，数多く考案されている高度な分析を適用する場合もある。
　本章の内容は，特に検定方法などは基本的なものであり，社会科学分野のデータにそのまま適用されるものではないかもしれない。しかし，基本知識がなければ高度な分析を理解することもできない。統計学を学ぶ上で，重要な概念が含まれているので，高度な分析を手掛ける前に身につけておいてほしい。

2 標本の平均と母集団

　ある母集団から抽出される標本を構成するデータの組合せの数について考えてみよう。ここでは母集団が10個のデータという小規模な例で考えてみる。ここから3個だけ取り出したものを標本とする場合，何種類の標本が得られるだろうか。これは第4章で学んだ組合せの数を求めることなので，$_{10}C_3$を計算すればよい。$_{10}C_3=120$なので120の標本が抽出できる。（この120の標本はすべて等しく1/120の生起確率（出現確率ともいう）をもつ。）
　また，本章では，標本を抽出するということは，すべてのデータが等確率で抽出される「無作為抽出」を前提としている。

第5章 母集団と標本と推定と検定

図表5-1 母集団と標本

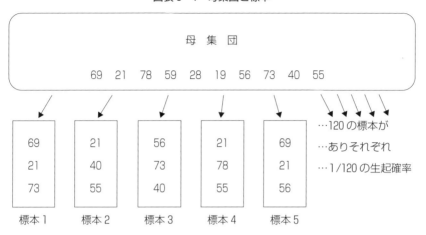

　図表5-1の母集団（69, 21, 78, 59, 28, 19, 56, 73, 40, 55）の平均は49.8である。ここから3個ずつのデータをもつ5つの標本を無作為に抽出したとする。図表5-1に示す標本1から標本5が抽出されたとする。標本1の平均は54.33, 標本2の平均は38.67, 標本3の平均は56.33, 標本4の平均は51.33, 標本5の平均は48.67である。この「5つの標本があり，それぞれの標本ごとに計算された平均がある」というとき，「標本ごとに計算された平均の平均値」は，図表5-1の場合，(54.33＋38.67＋56.33＋51.33＋48.67)÷5により，49.87となる。母集団の平均（49.8）に近い値である。無作為に抽出された標本については，このように標本平均の平均は母集団の平均に近い値になるという性質がある。

　図表5-2は120個の「標本の平均」の分布をヒストグラムで表したものである。

135

図表 5-2　120 の標本の平均の分布

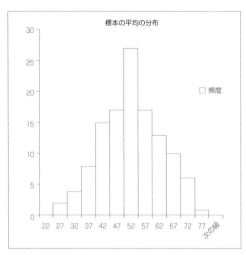

　この例から類推できるとおり，すべての標本を調べれば，**「標本の平均の平均」は「母集団の平均」と一致する**とされている。「母集団の平均」を**「母平均」**という。つまり，標本の平均の平均は母平均に一致するのである。

　標本の大きさを n，母集団の大きさを N と表記し（この例では $n=3$，$N=10$），各標本の平均を $\bar{x}$，全標本数を ${}_N C_n$，母平均を μ としたとき，標本平均の平均は母平均に一致することは以下のように表現される。

$$\sum_{i=1}^{{}_N C_n} \bar{x}_i / {}_N C_n = \mu$$

　このことは，「標本平均の期待値は母平均に等しい」という以下の表現をとることもできる。

$$E(\bar{x}) = \mu$$

　さらに，**図表 5-2** をみれば，**標本平均は正規分布する**ことが予測される。確かに，標本平均は正規分布することが知られている。

第5章 母集団と標本と推定と検定

　この標本平均の分布（正規分布）の標準偏差が「標準誤差」である。第1章では「標準誤差」は，「標準偏差（不偏分散の平方根）」を「データ数の平方根」で割った値と説明したが，標本平均の分布という概念を取り入れると，「標本平均の標準偏差」も「標準誤差」の定義としてあげられるようになる。

参考　以下に本節で使用した標本と標本の平均を示す。

図表5-3　120個の標本と平均値

母集団	69	21	78	59	28	19	56	73	40	55
69 21 78	69 21 59	69 21 28	69 21 19	69 21 56	69 21 73	69 21 40	69 21 55
69 78 59	69 78 28	69 78 19	69 78 56	69 78 73	69 78 40	69 78 55	69 59 28
69 59 19	69 59 56	69 59 73	69 59 40	69 59 55	69 28 19	69 28 56	69 28 73
69 28 40	69 28 55	69 19 56	69 19 73	69 19 40	69 19 55	69 56 73	69 56 40
69 56 55	69 73 40	69 73 55	69 40 55	21 78 59	21 78 28	21 78 19	21 78 56
21 78 73	21 78 40	21 78 55	21 59 28	21 59 19	21 59 56	21 59 73	21 59 40
21 59 55	21 28 19	21 28 56	21 28 73	21 28 40	21 28 55	21 19 56	21 19 73
21 19 40	21 19 55	21 56 73	21 56 40	21 56 55	21 73 40	21 73 55	21 40 55
78 59 28	78 59 19	78 59 56	78 59 73	78 59 40	78 59 55	78 28 19	78 28 56
78 28 73	78 28 40	78 28 55	78 19 56	78 19 73	78 19 40	78 19 55	78 56 73
78 56 40	78 56 55	78 73 40	78 73 55	78 40 55	59 28 19	59 28 56	59 28 73
59 28 40	59 28 55	59 19 56	59 19 73	59 19 40	59 19 55	59 56 73	59 56 40
59 56 55	59 73 40	59 73 55	59 40 55	28 19 56	28 19 73	28 19 40	28 19 55
28 56 73	28 56 40	28 56 55	28 73 40	28 73 55	28 40 55	19 56 73	19 56 40
19 56 55	19 73 40	19 73 55	19 40 55	56 73 40	56 73 55	56 40 55	78 40 55

$\bar{x}_1=56, \bar{x}_2=49.66\cdots, \bar{x}_3=39.33\cdots, \bar{x}_4=36.33\cdots, \bar{x}_5=48.66\cdots, \bar{x}_6=54.33\cdots, \bar{x}_7=43.33\cdots, \bar{x}_8=48.33\cdots$
$\bar{x}_9=68.66\cdots, \bar{x}_{10}=58.33\cdots, \bar{x}_{11}=55.33\cdots, \bar{x}_{12}=67.66\cdots, \bar{x}_{13}=73.33\cdots, \bar{x}_{14}=62.33\cdots, \bar{x}_{15}=67.33\cdots, \bar{x}_{16}=52$
$\bar{x}_{17}=49, \bar{x}_{18}=61.33\cdots, \bar{x}_{19}=67, \bar{x}_{20}=56, \bar{x}_{21}=61, \bar{x}_{22}=38.66\cdots, \bar{x}_{23}=51, \bar{x}_{24}=56.66\cdots$
$\bar{x}_{25}=45.66\cdots, \bar{x}_{26}=50.66\cdots, \bar{x}_{27}=48, \bar{x}_{28}=53.66\cdots, \bar{x}_{29}=42.66\cdots, \bar{x}_{30}=47.66\cdots, \bar{x}_{31}=66\cdots, \bar{x}_{32}=55$
$\bar{x}_{33}=60, \bar{x}_{34}=60.66\cdots, \bar{x}_{35}=65.66\cdots, \bar{x}_{36}=54.66\cdots, \bar{x}_{37}=52.66\cdots, \bar{x}_{38}=42.33\cdots, \bar{x}_{39}=39.33\cdots, \bar{x}_{40}=51.66\cdots$
$\bar{x}_{41}=57.33\cdots, \bar{x}_{42}=46.33\cdots, \bar{x}_{43}=51.33\cdots, \bar{x}_{44}=36, \bar{x}_{45}=33, \bar{x}_{46}=45.33\cdots, \bar{x}_{47}=51, \bar{x}_{48}=40$
$\bar{x}_{49}=45, \bar{x}_{50}=22.66\cdots, \bar{x}_{51}=35, \bar{x}_{52}=40.66\cdots, \bar{x}_{53}=29.66\cdots, \bar{x}_{54}=34.66\cdots, \bar{x}_{55}=32, \bar{x}_{56}=37.66\cdots$

$\bar{x}_{57}=26.66\cdots, \bar{x}_{58}=31.66\cdots, \bar{x}_{59}=50, \bar{x}_{60}=39, \bar{x}_{61}=44, \bar{x}_{62}=44.66\cdots, \bar{x}_{63}=49.66\cdots, \bar{x}_{64}=38.66\cdots$
$\bar{x}_{65}=55, \bar{x}_{66}=52, \bar{x}_{67}=64.33\cdots, \bar{x}_{68}=70, \bar{x}_{69}=59, \bar{x}_{70}=64, \bar{x}_{71}=41.66\cdots, \bar{x}_{72}=54$
$\bar{x}_{73}=59.66\cdots, \bar{x}_{74}=48.66\cdots, \bar{x}_{75}=53.66\cdots, \bar{x}_{76}=51, \bar{x}_{77}=56.66\cdots, \bar{x}_{78}=45.66\cdots, \bar{x}_{79}=50.66\cdots, \bar{x}_{80}=69$
$\bar{x}_{81}=58, \bar{x}_{82}=63, \bar{x}_{83}=63.66\cdots, \bar{x}_{84}=68.66\cdots, \bar{x}_{85}=57.66\cdots, \bar{x}_{86}=35.33\cdots, \bar{x}_{87}=47.66\cdots, \bar{x}_{88}=53.33\cdots$
$\bar{x}_{89}=42.33\cdots, \bar{x}_{90}=47.33\cdots, \bar{x}_{91}=44.66\cdots, \bar{x}_{92}=50.33\cdots, \bar{x}_{93}=39.33\cdots, \bar{x}_{94}=44.33\cdots, \bar{x}_{95}=62.66\cdots, \bar{x}_{96}=51.66\cdots$
$\bar{x}_{97}=56.66\cdots, \bar{x}_{98}=57.33\cdots, \bar{x}_{99}=62.33\cdots, \bar{x}_{100}=51.33\cdots, \bar{x}_{101}=34.33\cdots, \bar{x}_{102}=40, \bar{x}_{103}=29, \bar{x}_{104}=34$
$\bar{x}_{105}=52.33\cdots, \bar{x}_{106}=41.33\cdots, \bar{x}_{107}=46.33\cdots, \bar{x}_{108}=47, \bar{x}_{109}=52, \bar{x}_{110}=41, \bar{x}_{111}=49.33\cdots, \bar{x}_{112}=38.33\cdots$
$\bar{x}_{113}=43.33\cdots, \bar{x}_{114}=44, \bar{x}_{115}=49, \bar{x}_{116}=38, \bar{x}_{117}=56.33\cdots, \bar{x}_{118}=61.33\cdots, \bar{x}_{119}=50.33\cdots, \bar{x}_{120}=57.66$

この例では，120個の標本の平均の平均は49.81389であった。(母集団の平均49.8。) また，120個の平均値の分散は109.12555であった。(丸め処理による誤差を含む。)

3 標本平均の分散と母分散

ここからは，各標本の平均を「標本平均」とよぶ。標本平均の平均，あるいは標本平均の期待値は母平均であることを前項で確認した。本項では標本平均の分散について，母集団の分散との関係の中で考えていく。母集団の分散を「母分散」とよぶ。

標本平均の分散は，母集団が「有限母集団」か「無限母集団」かで異なる。「有限母集団」とは，ある時点での「日本の勤労者世帯」や「日本に居住する男性」というように有限な母集団を想定したものである。「無限母集団」とは「サイコロを投げたとき出る目」や「ある工場で生産される部品」といったものである。サイコロは何度でも投げてその目を確認することができる。また，ある工場では今後もその部品を生産し続ける。

母集団の分散をσ^2，標本平均の分散を$\sigma_{\bar{x}}^2$とすれば，標本平均の分散については次のことが知られている。なお，$\sigma_{\bar{x}}^2$の右下の添え字はxではなく，$\bar{x}$である。特に2の無限母集団から抽出された標本平均の分散の式はよく理解しておくべきである。前述のとおり，母集団の大きさをN，標本の大きさをnとする。

1 有限母集団から抽出された標本平均の分散

$$\sigma_{\bar{x}}^2 = \frac{N-n}{N-1} \cdot \frac{1}{n} \cdot \sigma^2$$

2 無限母集団からの標本平均の分散

$$\sigma_{\bar{x}}^2 = \frac{1}{n} \sigma^2$$

問題 5.1　受験者 100 人の試験で，平均点が 70 点，分散が 13 だった。この 100 人から任意に 6 人を選ぶとする。このとき，6 人ずつの標本の数はいくつになるか。また，標本平均の平均と分散はいくらになるか。

問題 5.2　ある工場で毎日数万個ほど生産される部品の重さは平均が 70g で分散が 13 であることが知られている。生産された部品からサイズ 100 の標本を抽出して重量を計測することを繰り返した。標本平均の期待値と分散はいくらか。

4 大数の法則と中心極限定理

「大数の法則」とは，「標本の大きさ（標本サイズ）n を大きくしていくとその標本内の平均 $\bar{x}$ は母平均 μ に近づいていく」というものである。たとえば，ある時点でのある国の成人男子の平均身長は，10 人の標本の平均値よりも 1 万人の標本の平均値の方が，その国全体の成人男子の平均身長に近い値を期待することができる。この考え方を統計学的に記述すると，サイコロをふって 1 の目が出る確率は 10 回しかサイコロをふらなかったときは 1/6 からは少し離れた値になるかもしれないが，100 回サイコロをふると 1/6 に近い値が得られ，1000 回サイコロをふれば，より 1/6 に近い値が得られるということである。

大数の法則は，一人の人が保険を適用されるような事故にあう確率はさまざまであっても，多数の人を対象にしたときは一定の事故率が想定できることの根拠となる。この大数の法則によって，どのような保険料が妥当であるかを計算することができるのである。

　次に「中心極限定理」について考える。「中心極限定理」は，同じ母集団から抽出された標本平均 $\bar{x}$ の分布は正規分布で近似できるということである。つまり，母集団の平均が μ，分散が σ^2 であるとき，そこから抽出される標本平均について，

「標本の大きさ（標本サイズ） n が十分に大きいとき，標本平均 $\bar{x}$ は平均 μ，分散 σ^2/n の正規分布 $N(\mu, \sigma^2/n)$ で近似できる分布になる」

というものである。また，$\bar{x}$ を標準化する，すなわち，$\bar{x}$ から平均 μ を引いて標準偏差 $\sigma/\sqrt{n}$（分散 σ^2/n の平方根）で割るという操作を施した $z = \dfrac{\bar{x} - \mu}{\sigma/\sqrt{n}}$ については，平均0，分散1の正規分布，すなわち標準正規分布 $N(0, 1)$ で近似できるということになる。中心極限定理が想定している母集団は平均が μ で分散が σ^2 であることが求められているが，正規分布である必要はないとされている。

第2節　χ^2分布，t分布，F分布

4章で2項分布，ポアソン分布，正規分布を学んできたが，本章ではχ^2分布，t分布，F分布の概略を学ぶ。

1　χ^2分布

χ^2は「カイニジョウ」あるいは「カイジジョウ」と読む。χはギリシャ文字の「カイ」である。

χ^2分布は，まず標準正規分布，あるいは，正規分布する母集団を想定して，そこから何個かのデータを独立にとってきたとき，各データの二乗和が従う分布である。データを独立にとるとは，選択されるデータの間に何の関係（関係性，関連性）もない，ということである。とってこられるデータは母集団が標準正規分布であれば平均0に近いものが多く，正規分布であればμに近いものが多いだろう。したがって，とってきたデータの二乗和といえども，母集団のデータ分布からかけ離れた大きな値になることは極めて低い確率で起こるにすぎない。とってきたデータの二乗和は，データの数が多いほど大きくなり，データ数が少ないときは小さな値になる。この場合の「とってきたデータの個数」を「自由度」という。

標準正規分布からデータをとってくることを考えると，自由度1のときは1個データをとってくることを表し，それは0に近いものが多く，二乗しても1や2を超える確率は小さい。自由度2のときは2個データをとってきて二乗して足した値について考える。自由度3のときは3個データをとってきて二乗した3つの値の和について考える。この手順を理解して，次のχ^2分布の定義を読んでみよう。

1) χ^2分布の定義

「標準正規分布$N(0,1)$に従う分布からk個のデータをとってきて，それらを$x_1, x_2, \cdots, x_k$としたとき，それらの2乗和$\sum_{i=1}^{k} x_i^2$は，自由度kのχ^2分布に従う」あるいは，「正規分布$N(\mu, \sigma^2)$に従う分布からk個のデータ$x_1, x_2,$

$\cdots, x_k$をとってきたとき，$\sum_{i=1}^{k}\left(\dfrac{x_i - \mu}{\sigma}\right)^2$は自由度$k$の$\chi^2$分布に従う。」

というのがχ^2分布の定義である。正規分布と標準正規分布の関係を理解していればこの2つの説明文の関係性は理解できるであろう。自由度はd.f.(degree of freedom)と表記されることもある。

2) χ^2分布の応用例

先にχ^2分布の定義をあげたが，「χ^2値」や「期待度数」などの用語の説明を兼ねて以下にχ^2分布の応用例を紹介しておく。

たとえば，あるサイコロの各目が正しく1/6ずつの確率で出るかを検証するためにそのサイコロを100回振って出る目を観察した。ゆがみや細工のない正常なサイコロであれば，各目が1/6ずつの確率で出る。そこで，実際にそのサイコロを100回ふって出る目を観察した結果が**図表5-4**である。**図表5-4**の「期待度数」は正常なサイコロのその目の出る回数であり，観測度数は実際にそのサイコロを100回投げて各目が出た回数である。

図表5-4　サイコロを100回投げた結果

	1	2	3	4	5	6
観測度数	25	12	9	18	10	26
期待度数	16.67	16.67	16.67	16.67	16.67	16.67

ここで，観測度数がどのくらい期待度数と適合しているかを調べる。観測度数と期待度数の一致度をはかる統計量として「χ^2値」がある。観察度数をo,

期待度数を e として，χ^2 は以下の計算で求められる。

$$\chi^2 = \sum_{i=1}^{n} \frac{(o_i - e_i)^2}{e_i}$$

図表5-4 のサイコロの例では χ^2 値は，以下の計算により，16.9966 となる。

$$\chi^2 = \frac{(25-16.67)^2}{16.67} + \frac{(12-16.67)^2}{16.67} + \frac{(9-16.67)^2}{16.67} + \frac{(18-16.67)^2}{16.67}$$
$$+ \frac{(10-16.67)^2}{16.67} + \frac{(26-16.67)^2}{16.67} = 16.9966$$

この値は観測度数が期待度数に近いほど小さな値になることはわかるが，実際に計算して求めた値が「大きい」ものなのか「小さい」ものなのかは χ^2 検定を実施して判定する。χ^2 検定は，上の例では，そのサイコロが正常だとしたら，実験のような目の出方をする確率はどれだけかを計算するものである。その確率が5％（0.05）より小さければ，「正常なサイコロならば5％未満でしか起こらない珍しい目の出方をした」ことになり，この状態を統計学では「珍しいことが実際に起こった」ではなく，「このサイコロは正常ではない」と結論する。

ExcelのセルA1からF1に実測値（25,12,9,18,10,26），A2からF2に期待度数（16.67,16.67,16.67,16.67,16.67,16.67）が入力されているシートで，任意のセルに＝CHISQ.TEST（A1:F1,A2:F2）と入力すると0.004506という答が表示される。0.004506は0.05より小さいので「このサイコロは正常ではない」と結論される。

例題1：あるサイコロを100回振って，1の目が17回，2の目が18回，3の目が18回，4の目が16回，5の目が15回，6の目が16回出た。このサイコロは正常であるか正常でないかを考えなさい。

考え方：= CHISQ.TEST関数を使用するなら，Excelのシート上に，一行あるいは一列に17，18，18，16，15，16と入力し，別の一行あるいは一列に16.67，16.67，16.67，16.67，16.67，16.67と入力して = CHISQ.TEST関数を実行する。結果は0.994であり，このサイコロは正常である。

次にχ^2分布について考えていこう。**図表5-5**は自由度ごとのχ^2分布の確率密度関数である。

図表5-5 自由度（d.f.）別χ^2分布の形状

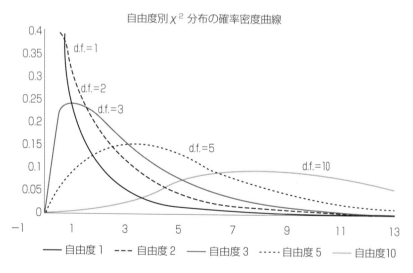

図表5-5に示されているとおり，χ^2分布の確率密度曲線は自由度1と自由度2は下に凸な曲線となるが，自由度3以上は緩やかな盛り上がりをもち，そ

のピークは自由度が増えるに従って，低く，右にずれていく。ピークは各自由度の手前に存在し，左右非対称な分布となる。

χ^2分布は，「理論値と観測データの差」に関する理論に使用され，統計学ではよく使用される概念である。ある大学の入学生の男女比率が男子55，女子45だったとする。この差は誤差の範囲か，何か特別なことになっているかを判定するときなどに使われる。自由度 k の χ^2 分布を $\chi^2(k)$ と書く。また，「χ^2分布の期待値は自由度に等しく，分散は自由度の2倍である」(照明略)。

なお，**図表5-5**で描いた χ^2 分布の確率密度関数は，Excelで＝CHISQ.DIST関数を用いて，グラフの横軸に相当する値に応じた表を完成し(**図表5-6**参照)，線でつないだ散布図でグラフ化したものである。＝CHISQ.DIST関数の第1引数は分布を評価する値 x (横軸＝x軸の値)，第2引数は自由度である。そして第3引数を"TRUE"とすれば累積分布関数，"FALSE"とすれば確率密度関数を求めることができる。**図表5-5**はFALSEを設定している。**図表5-6**では x の値をA列に0.5刻みで指定しているが，$x=0$ は許容されないので，A2には0のかわりに0.001を入力してある。2行目に入力した内容を表示してある。その式を下にコピーする。自由度1と自由度2については，理論どおり下に凸な曲線になるように描出を工夫している。グラフ作成のために，A列はA28までデータを入力した。

図表5-6 CHISQ.DIST関数の使用例

	A	B	C	D	E	F
1		自由度1	自由度2	自由度3	自由度5	自由度10
2	0.001	=CHISQ.DIST(A2,1,FALSE)	=CHISQ.DIST(A2,2,FALSE)	=CHISQ.DIST(A2,3,FALSE)	=CHISQ.DIST(A2,5,FALSE)	=CHISQ.DIST(A2,10,FALSE)
3	0.5	0.439391289	0.389400392	0.219695645	0.036615941	6.3379E-05
4	1	0.241970725	0.30326533	0.241970725	0.080656908	0.000789753
5	1.5	0.153866323	0.236183276	0.230799484	0.115399742	0.003113744

【Excelで χ^2 分布に関する関数を使ってみよう】

χ^2 分布に関する関数として前述の =CHISQ.DIST 関数をあらためて紹介する。=CHISQ.DIST 関数の引数は以下のとおりである。

第1引数：分布を評価する値 x，第2引数：自由度，第3引数："TRUE" とすれば累積分布関数，"FALSE" とすれば確率密度関数)

自由度1のとき，χ^2 分布の値が0.5以下である確率は52.05%。
=CHISQ.DIST（0.5,1,TRUE）で求められる。

[練習問題1]：「CHISQ.INV.RT」関数は，χ^2 分布の右側確率の逆関数を返してくる。第1引数は確率であり，第2引数は自由度である。巻末の χ^2 分布表をみてほしい。1行目が確率，A列が自由度を表すとき，B2のセルに =CHISQ.INV.RT（B$1,$A2）と入力して，この式を表全体にコピーすれば χ^2 分布表が作成できることを確認しなさい。

例題2：統計学の受講者1500名に2つの質問からなるアンケートを実施した。質問1は「統計学の授業は難しいか？」，質問2は「統計学の授業に満足しているか？」である。それぞれ，「はい」か「いいえ」かで答えてもらった。図表5-7の左上の表（B4からD6）がそのアンケートの結果である。

この結果で，学生が難しいと感じることと，その授業への満足感の独立性の検定を行いたい。

ここでの独立性とは「難しいと感じることと満足感」に関係がないことをいう。関係がなければ，「この二つの要因には独立性がある」といい，「難しい」と感じることと「満足感」に関係がある場合は「この二つの要因には独立性がなく，有意な関連性がある」と結論づける。

考え方：この問題に使用する関数は =CHISQ.TEST 関数である。
=CHISQ.TEST 関数を用いるときは，まず，自分で「期待度数」を求めておかなければならない。期待度数は，「難しいと感じている」ことと「満足

第5章 母集団と標本と推定と検定

感」が独立なとき,つまり,関連がないときにこうなる,という状態を表すものである。期待度数は,図表5-7の左下の表(B10からD12)のように「難しい&満足」と「難しい&不満足」と「難しくない&満足」と「難しくない&不満足」の4つを計算する。

=CHISQ.TEST関数の期待度数は「全体で1500人」を念頭におき,図表5-7の周辺度数(合計の欄)に注目して,
「難しいと感じている人は1500人中975人」
「難しくないと感じている人は1500人中525人」
「満足な人は1500人中755人」
「不満足な人は1500人中745人」
というアンケート結果を組み合わせて以下の方法で計算する。難しいと感じる&満足ということは難しいと感じる人の割合×満足な人の割合(積事象)である。

図表5-7 χ^2の独立性の検定

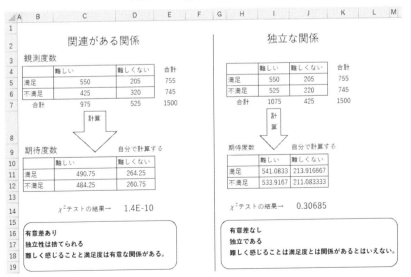

「難しい＆満足」の期待度数の計算　　1500×975/1500×755/1500＝490.75
「難しい＆不満足」の期待度数の計算　1500×975/1500×745/1500＝484.25
「難しくない＆満足」の期待度数の計算　1500×525/1500×755/1500＝264.25
「難しくない＆不満足」の期待度数の計算1500×525/1500×745/1500＝260.75

　期待度数が計算できたら**図表5-7**の左下のような表（B10:D12）を作成して，＝CHISQ.TEST関数を使用する。＝CHISQ.TEST関数の第1引数は「実測値範囲」で，第2引数は「期待値範囲」である。「難しいと感じる」ことと「満足感」が独立な場合に，アンケート結果のようになる確率を求めるのが，＝CHISQ.TEST関数である。実測値範囲としてC5:D6を指定し，期待値範囲としてC11:D12を指定する。そして求められた値が0.05より小さければ，独立でない，つまり，難しいと感じることと満足感には関連があると考える。**図表5-7**の場合は，1.4E-10という非常に小さな値が求められたので，「難しいと感じる」ことと「満足感」は独立ではない，つまり「関連がある」という結論を得る。1.4E-10＝0.00000000014。
　このような「関連がある」という結果は，統計学的な表現では

　有意水準5％において（0.05と比べたので），「関連がないとする帰無仮説を棄却する」ともいう。

　有意水準5％とは，「難しいと感じることと満足感には関連がない」としたら，このような結果（観測度数）になるのは珍しいことか，珍しくはない（誤差の範囲）かの判定に用いる基準が5％ということである。有意水準を5％と定めて，このような結果になる確率が5％より小さいとなれば，これは「珍しい」ことが起こった，あるいは，「何かがおかしい」と考える。なお，有意水準は，より厳密な分析が必要なときは1％などが採用される。
　そして，このような，「珍しい」，あるいは「何かがおかしい」と考えられるような結果がでたのは，もともとの想定である「難しいと感じることと満

足感には関連がない」とした前提が間違っていたのではないかと判断し，その前提を否定する。この前提を「帰無仮説」といい，帰無仮説を否定することを「帰無仮説を棄却する」という。**図表5-7**のA列からF列で示された例では帰無仮説は棄却されたのである。この例では，明示的に帰無仮説を提示していなかったので，帰無仮説とか有意水準という言葉を使わずに，

　「難しいと感じることと満足感には関連がある」
　という結論だけでもよい。難しいと感じることと満足感に独立性はないのである。

　なお，**図表5-7**の右側の表（I4からJ6）は，＝CHISQ.TEST関数で0.05（5％）以上になる例である。期待度数の欄の数字が正しいか確認し，＝CHISQ.TEST関数をためしてみよう。また，＝CHISQ.TEST関数で使用する表は第2章で説明したピボットテーブルを直接使用するのでなく，値の貼り付けを使用して別の場所にコピー＆ペーストしたものか，自分で入力しなおした表を使用することをおすすめする。ピボットテーブルは元の表にリンクしているため，二次使用するときには注意を要する。

2　t 分 布

　t分布は連続型確率変数の分布の一種で，正規分布することがわかっている母集団から，サイズ n の標本を抽出したときに想定される分布である。標本の平均（$\bar{x}$），標本内の標準偏差（s），標本サイズ n より1だけ小さい数を「自由度」としたとき（したがって，自由度 = $n-1$），次の式で計算される T が従う分布である。ここで，μ は母平均を表す。なお，この公式を暗記する必要はない。

$$T = \frac{\bar{x} - \mu}{s}\sqrt{n-1}$$

(標本しか手元にないときは母平均 μ は未知数である。)

t 分布の外形は**図表 5-8** に示されるように，一峰の釣り鐘型，左右対称であり，正規分布に比べると分布の中央の山が低く，端の裾野が厚くなるものである。

図表 5-8　自由度 5 と 10 の t 分布と正規分布

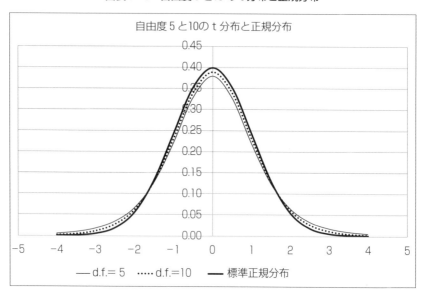

t 分布は自由度が小さいときは正規分布と差がある分布をするが，自由度が大きくなるにつれて正規分布に近づいていく。$n = \infty$ のときの t 分布は正規分布になる。**図表 5-8** は標準正規分布と自由度 5 と自由度 10 の t 分布の確率密度曲線である。分布のピークでは（標準正規分布）＞（自由度 10 の t 分布）＞（自由度 5 の t 分布）であり，左右の裾の部分では，逆に（自由度 5 の t 分布）＞（自由度 10 の t 分布）＞（標準正規分布）である。

t 分布は t 検定などにも使用され，適用分野が広い分布である。

図表5-8は=T.DIST関数を使用して描いたものである。=T.DIST関数の引数は3つあり，1つ目の引数 x は，図表5-8であれば，横軸（x軸）の目盛りを表す値，2つ目の引数は自由度（整数でなければならない）である。3つ目の引数をTRUEとすると累積分布関数，FALSEとすると確率密度関数の値を計算する。図表5-8のような分布を描きたければFALSEとする。

例題3：自由度5のt分布の確率密度曲線を描きなさい。

考え方：自由度5のt分布は，=T.DIST（第1引数,5,FALSE）である。第1引数を0.2きざみで指定していきたいときは，図表5-9の右側の表のように入力して式を下にコピーする。グラフを描くためにA列には-5から5まで入力しておく。グラフは線でつないだ散布図である。

図表5-9　自由度5のT.DIST関数の入力例とグラフ

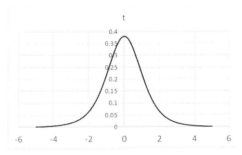

ここで，=T.DIST関数の逆関数である=T.INV関数を紹介する。T.INV関数の第1引数は確率であり，第2引数は自由度である。ある自由度の下で，下から何％かを指定すれば，図表5-9の右側の表で言えば横軸（x軸）の値が導き出される。=T.DIST関数の第3引数がTRUEの場合が横軸の値を第1引数として，そこまでの面積の割合（全体は1）を求めるのに対して，=T.INV関数は，下からどの割合かを第1引数で指定して横軸の値を求める関数である。

例題 4：図表 5-10 のような t 分布表を = T.INV 関数で作ってみよう。

図表 5-10　t 分布表

右から何パーセントか→ 自由度↓	25%	20%	15%	10%	5%	2.5%	1%	0.5%	0.05%
1	1.000	1.376	1.963	3.078	6.314	12.706	31.821	63.657	636.619
2	0.816	1.061	1.386	1.886	2.920	4.303	6.965	9.925	31.599
3	0.765	0.978	1.250	1.638	2.353	3.182	4.541	5.841	12.924
4	0.741	0.941	1.190	1.533	2.132	2.776	3.747	4.604	8.610
5	0.727	0.920	1.156	1.476	2.015	2.571	3.365	4.032	6.869
6	0.718	0.906	1.134	1.440	1.943	2.447	3.143	3.707	5.959
7	0.711	0.896	1.119	1.415	1.895	2.365	2.998	3.499	5.408
8	0.706	0.889	1.108	1.397	1.860	2.306	2.896	3.355	5.041
9	0.703	0.883	1.100	1.383	1.833	2.262	2.821	3.250	4.781
10	0.700	0.879	1.093	1.372	1.812	2.228	2.764	3.169	4.587
11	0.697	0.876	1.088	1.363	1.796	2.201	2.718	3.106	4.437
12	0.695	0.873	1.083	1.356	1.782	2.179	2.681	3.055	4.318
13	0.694	0.870	1.079	1.350	1.771	2.160	2.650	3.012	4.221
14	0.692	0.868	1.076	1.345	1.761	2.145	2.624	2.977	4.140
15	0.691	0.866	1.074	1.341	1.753	2.131	2.602	2.947	4.073
16	0.690	0.865	1.071	1.337	1.746	2.120	2.583	2.921	4.015
17	0.689	0.863	1.069	1.333	1.740	2.110	2.567	2.898	3.965
18	0.688	0.862	1.067	1.330	1.734	2.101	2.552	2.878	3.922
19	0.688	0.861	1.066	1.328	1.729	2.093	2.539	2.861	3.883
20	0.687	0.860	1.064	1.325	1.725	2.086	2.528	2.845	3.850
21	0.686	0.859	1.063	1.323	1.721	2.080	2.518	2.831	3.819
22	0.686	0.858	1.061	1.321	1.717	2.074	2.508	2.819	3.792
23	0.685	0.858	1.060	1.319	1.714	2.069	2.500	2.807	3.768
24	0.685	0.857	1.059	1.318	1.711	2.064	2.492	2.797	3.745
25	0.684	0.856	1.058	1.316	1.708	2.060	2.485	2.787	3.725
26	0.684	0.856	1.058	1.315	1.706	2.056	2.479	2.779	3.707
27	0.684	0.855	1.057	1.314	1.703	2.052	2.473	2.771	3.690
28	0.683	0.855	1.056	1.313	1.701	2.048	2.467	2.763	3.674
29	0.683	0.854	1.055	1.311	1.699	2.045	2.462	2.756	3.659
30	0.683	0.854	1.055	1.310	1.697	2.042	2.457	2.750	3.646
40	0.681	0.851	1.050	1.303	1.684	2.021	2.423	2.704	3.551
50	0.679	0.849	1.047	1.299	1.676	2.009	2.403	2.678	3.496
60	0.679	0.848	1.045	1.296	1.671	2.000	2.390	2.660	3.460
80	0.678	0.846	1.043	1.292	1.664	1.990	2.374	2.639	3.416
120	0.677	0.845	1.041	1.289	1.658	1.980	2.358	2.617	3.373
240	0.676	0.843	1.039	1.285	1.651	1.970	2.342	2.596	3.332

考え方：=T.INV関数をマイナスをつけて使う。=T.INV関数は，t分布の下から指定した割合に対応するx軸上の値を求める。=T.INV関数の第1引数では下からどのぐらいの割合かを指定し，第2引数で自由度を指定する。t分布表は右側確率を求めるものなので，関数全体にマイナスを付して**図表5-10**を作成する。自由度1で25%の欄がB3だとしたら，

B3に=-T.INV（B$2,$A3）と入力してから小数点第3位まで表示させ，その式を表全体にコピーする。

なお，INVは英語の"inverse"に由来する。t分布表は巻末にも付した。

図表5-11はt分布表の見方を説明している。**図表5-11**はt分布（**図表5-8**参照）の右半分を表している。

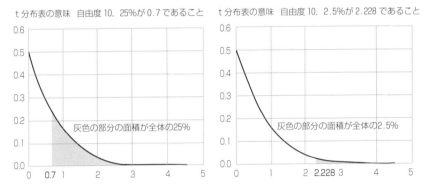

図表5-11　t分布表の見方（自由度10の25%と2.5%）

3　F　分　布

F分布は，二つのデータ群の分散が等しいか等しくないかを検定するときに使われる。F分布を考えるときは，分散を比較したい二つのデータ群がそれぞれ独立にχ^2分布に従っていることが前提である。

それぞれ独立にχ^2分布に従う二つの確率変数XとYについて，Xの自由度

をm_x, Yの自由度をm_yとしたとき, $F = \dfrac{X/m_x}{Y/m_y}$ が従う分布がF分布である。本書ではF分布の概形を**図表5-12**に示すにとどめ，F分布を説明する数式については言及しない。

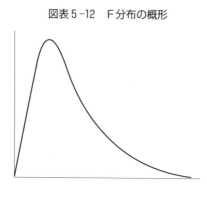

図表5-12　F分布の概形

第3節　推　　定

　推定とは，標本の平均値や分散などの統計量から母平均や母集団の分散（母分散）という母集団に関する統計量についての情報を得ることである。各手法の説明に先立って，推定量についての「不偏性」「有効性」「一致性」の概念を説明する。

1　推定の不偏性と有効性と一致性

　推定値の「**不偏性**」とは，標本から得られた推定値の期待値が，推定される値（たとえば母平均）に等しいことをさす。つまり，母平均を推定する場合，標本によって得られる推定値にばらつきがあったとしても，何度も標本を取り直せば，推定される値の期待値は母平均そのものに等しくなるという性質のことである。不偏性を満たす推定量を「不偏推定量」という。

次に，推定量の「**有効性**」について考えてみよう。母平均に関する二つの推定値があったとき，その推定値については，より分散の小さい方が望ましい。分散が小さければ，不偏性があったとしても，標本を1つだけみたときに，どの標本であってもそこから推定される値が，真の値（母集団の値）から大きくはずれていないことを表す。

最後に，標本のサイズが大きくなればなるほど，推定値がめざす値（母集団に関する値）に近くなるという性質をあげる。これを「**一致性**」といい，推定量が一致性をもつとき，「**一致推定量**」といわれる。標本サイズが小さいときは，そこから推定される母平均は真の値から離れている可能性が高い。標本サ

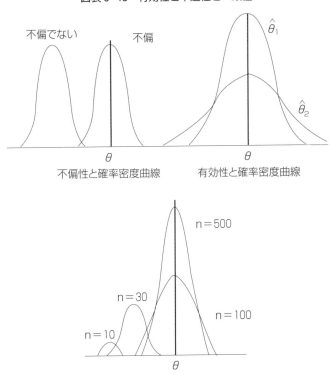

図表5-13　有効性と不偏性と一致性

イズが大きくなるにつれて，そこから推定される母平均の推定値は母平均に近くなっていく。標本が母集団と同じ大きさになれば，標本の平均は母集団の平均そのものである。つまり，標本から推定される値の極限値が推定する母集団に関する値そのものになる性質をさす。

2 母平均と母分散の点推定

1) 母平均の点推定

母平均 μ，母分散 σ^2 の母集団から無作為に抽出された標本が $x_1, x_2, \cdots, x_n$ のとき母平均 μ の推定量を標本平均 $\bar{x} = (x_1 + x_2 + \cdots + x_n)/n$ とするのは妥当であろう。標本平均を母平均の点推定量とすることは，標本平均の期待値は母平均であること（$E(\bar{x}) = \mu$）からも $\bar{x}$ を μ の不偏推定量としての妥当性を表しているといえる。標本平均の分散は母平均の分散を n で除したものであること（$\mathrm{Var}(\bar{x}) = \sigma^2/n$）で $n \to \infty$ のとき $\mathrm{Var}(\bar{x}) \to 0$ から一致性も満たしている[4]。さらに，$\bar{x}$ は n が大きくなるほど $\mathrm{Var}(\bar{x})$ が小さくなることから，$\bar{x}$ を μ の点推定量とするときは，標本を大きくすることが有効性を高めることになると考えられる。

2) 母分散の点推定

母分散 σ^2 の点推定値は，第 1 章で学んだ不偏分散，すなわち，データと平均との差の 2 乗値の総和を $(n-1)$ で除した値である。

「データと平均との差」は n 個あるが，独立に値が決まるのは $(n-1)$ 個であり，自由度も $(n-1)$ ということになるので，「データと平均との差の 2 乗値の総和」を $(n-1)$ で割る。しかし，n が大きいときは n と $(n-1)$ の違いは相対的に小さくなり，標本分散と不偏分散の違いは，分析上大きな意味をもつものではなくなる。

なお，Excelで不偏分散を求める関数は = VAR.Sであり，標本分散を求める関数は = VAR.Pである。「データ分析」の基本統計量で計算される分散は不偏

分散である。

3 母平均の区間推定

1) 母平均の区間推定 ―正規分布を使用―

母集団の平均を推定するにあたって，次の点を確認しておこう。

平均 μ，分散 σ^2 の無限母集団からの標本サイズ n の標本の平均を $\bar{x}$ とすれば，

1　$\bar{x}$ の期待値は μ である。

2　$\bar{x}$ の分散は $\dfrac{1}{n}\sigma^2$ である。したがって，標準偏差は $\sigma/\sqrt{n}$。

さらに，母集団が正規分布している，あるいは，n が十分に大きければ（中心極限定理により）

3　$\bar{x}$ は正規分布する。

以上の3点を前提にして母平均の区間推定について考えていく。

$\bar{x}$ の分布は平均 μ，分散 $\dfrac{1}{n}\sigma^2$ の正規分布 $N\left(\mu, \dfrac{1}{n}\sigma^2\right)$ と考えられる。この $\bar{x}$ の分布を標準化（μ を引いて，標準偏差 σ で割る）した値を z とすると，

$z = \dfrac{\bar{x} - \mu}{\sigma/\sqrt{n}}$ と表され，この z は標準正規分布 $N(0,1)$ に従う。また，第4章で学んだ正規分布表の $z = 1.96$ に対応する上側確率は 0.0249979 であり，標準正規分布において z が1.96より大きい確率が 0.0249979（約2.5%）であることがわかる。正規分布は左右対称なので，-1.96 より小さい確率も 0.0249979（約2.5%）なので，両側2.5%ずつを除くと，95%になる。つまり，

$$-1.96 < z = \dfrac{\bar{x} - \mu}{\sigma/\sqrt{n}} < 1.96$$

を計算すれば，そこに 95％の確率で母平均が存在する区間が推定されることになる。

以下のように上の式を $-1.96 <= \dfrac{\bar{x} - \mu}{\sigma/\sqrt{n}}$ と $\dfrac{\bar{x} - \mu}{\sigma/\sqrt{n}} < 1.96$ の二つにわけて，それぞれ展開していくと μ の 95％の**信頼区間**が計算される。

$$-1.96 < \dfrac{\bar{x} - \mu}{\sigma/\sqrt{n}}$$
$$-1.96(\sigma/\sqrt{n}) < \bar{x} - \mu$$
$$-\bar{x} - 1.96(\sigma/\sqrt{n}) < -\mu$$
$$\bar{x} + 1.96(\sigma/\sqrt{n}) > \mu$$

$$\dfrac{\bar{x} - \mu}{\sigma/\sqrt{n}} < 1.96$$
$$\bar{x} - \mu < 1.96(\sigma/\sqrt{n})$$
$$-\mu < -\bar{x} + 1.96(\sigma/\sqrt{n})$$
$$\mu > \bar{x} - 1.96(\sigma/\sqrt{n})$$

ここで，$\bar{x}$ と標本サイズ n は容易にわかるが，母集団の標準偏差 σ は，多くの場合未知であるため，σ のかわりに標本の標準偏差（不偏分散の平方根）s を用いて，

$$\bar{x} - 1.96 \dfrac{s}{\sqrt{n}} < \mu < \bar{x} + 1.96 \dfrac{s}{\sqrt{n}}$$

と近似的に考えると以下の信頼区間が得られる。

（無限母集団を想定したとき，）母平均 μ の 95％信頼区間は（有意水準 5％）$\bar{x} - 1.96 \dfrac{s}{\sqrt{n}}$ から $\bar{x} + 1.96 \dfrac{s}{\sqrt{n}}$ である。

例題 5：ある工場で生産されている部品から無作為に 40 個を抽出してその重さを計測した。抽出された 40 個の平均は 50，標準偏差は 12 であった。この工場で生産される部品の母平均の 95％の信頼区間を求めなさい。

考え方と答:$50 - 1.96 \times 12 \div \sqrt{40} = 46.281$, $50 + 1.96 \times 12 \div \sqrt{40} = 53.719$ なので,この工場で生産される部品の平均の95%信頼区間は,46.281 から 53.719 である。

例題6:ある工場で生産されている部品の重さは正規分布する。このから無作為に20個を抽出してその重さを計測した結果,下の表の結果であった。この工場で生産される部品全体の母平均の95%の信頼区間を求めなさい。

48.2, 49.8, 48.9, 50.0, 50.1, 48.7, 50.1, 51.2, 49.6, 49.5
49.8, 50.6, 50.2, 50.9, 52.1, 50.7, 50.5, 49.3, 50.2, 49.6

考え方と答:標本平均50,標本の標準偏差 0.89266 である。
$50 - 1.96 \times 0.89266 \div \sqrt{20} = 49.6088$, $50 + 1.96 \times 0.89266 \div \sqrt{20} = 50.3912$。
99%の信頼区間で母平均を推測するときは,95%信頼区間のときの「1.96」のかわりに「**2.58**」という値が使われる。第4章で学んだ正規分布表で 0.0049400 に対応する z 値は 2.58 である。

例題7:例題5のデータでこの工場で生産される部品全体の母平均の99%の信頼区間を求めなさい。

考え方と答:$50 - 2.58 \times 12 \div \sqrt{40} = 45.1048$, $50 + 1.96 \times 12 \div \sqrt{40} = 54.8952$ なので,母平均の99%信頼区間は 45.1048 から 54.8952 である。

例題8:例題6のデータで,母平均の99%信頼区間を求めなさい。

考え方と答:標本平均50,標本標準偏差 0.89266 である。
$50 - 2.58 \times 0.89266 \div \sqrt{20} = 49.4850$, $50 + 2.58 \times 0.89266 \div \sqrt{20} = 50.5150$。

母平均の 95 ％信頼区間というように，「信頼区間」という言葉を使用し，慣れてきたと思う。ここで，新たに「**有意水準**」という言葉を確認しておこう。有意水準の 1 つの定義として「1 - 信頼区間」も考えられる。有意水準としては 5 ％がよく用いられる。有意水準とは，あることが起こる確率を計算したとき，その確率が「小さい」か「小さくない」か，あるいは，「珍しい」か「珍しくない」かを判断する基準である。有意水準 5 ％とは，あることが起こる確率を計算したとき，その確率が 5 ％より小さいのであれば，「小さい確率でしか起こらないことが起こっている」とか「珍しいことが起こっている」と判断し，5 ％より大きいのであれば「このような結果になることは珍しいことが起こっているとは考えられない」と考えることを表す。

【Excel で母平均の 95 ％信頼区間と 99 ％信頼区間を計算してみよう】

　= CONFIDENCE.NORM 関数を用いる。この関数の第 1 引数は有意水準，第 2 引数は標準偏差，第 3 引数は標本の大きさ（標本サイズ）である。標準偏差は標本の標準偏差を指定することもある。= CONFIDENCE.NORM 関数は有意水準が 5 ％のときは，$1.96 \times 標準偏差 \div \sqrt{n}$，1 ％のときは，$2.58 \times 標準偏差 \div \sqrt{n}$ を計算する。したがって，**例題** 5 の数値例では，= CONFIDENCE.NORM（5％, 12, 40）と入力する。3.71877 という値が返ってくるので，50 からこの値を引くと，信頼区間の下限が，50 にこの値を加えると信頼区間の上限が求められる。しかし，有意水準 1 ％については，小数点第 2 位以降が公式通りの計算と異なることがある。これは 2.58 や標準偏差の値の小数点以下の桁に多少の丸めをしているためと考えらえる。大きな違いでなければ気にしなくてよいであろう。

2) 母平均の区間推定 ―t 分布を使用―

標本サイズ n が十分に大きくなく（30 未満），σ のかわりに s を使用して正規分布を利用することが躊躇されるときは，標本の標準偏差 s を用いて t 分布に基づいて母平均の区間推定を行う。**図表 5-10** を参照してみると，t 分布は「右から何パーセントか」という値と自由度がわかれば決定される分布だということがわかる。

たとえば，自由度を 9 として，t 分布表の「2.5％」の欄をみると **2.262** という値がみつかる。（Excel で = -T.INV（2.5％, 9）で求めてもよい。）母平均の 95％信頼区間の推定にはこの値を使用する。

自由度 9 の母平均の 95％信頼区間を求めるには，

$-2.262 < \dfrac{\bar{x} - \mu}{s/\sqrt{n}} < 2.262$ を計算すればよい。

この式を変形すると，$\bar{x} - 2.262(s/\sqrt{n}) < \mu < \bar{x} + 2.262(s/\sqrt{n})$ となる。自由度を $(n-1)$，t 分布の両側 5％（すなわち片側 2.5％）の値を $t_{0.025}(n-1)$ と表現すれば，

（無限母集団を想定したとき，）母平均 μ の 95％信頼区間は（有意水準 5％）$\bar{x} - t_{0.025}(n-1)\dfrac{s}{\sqrt{n}}$ から $\bar{x} + t_{0.025}(n-1)\dfrac{s}{\sqrt{n}}$ である。

信頼区間 99％，つまり有意水準 1％で t 分布を使用して母平均を推測するときは，たとえば，自由度 9 の場合は，t 分布表の「0.5％」の欄をみると **3.250** という値がみつかる。（Excel で = -T.INV（0.5％, 9）で求めてもよい。）したがって，t 分布を使用した自由度 9 の 99％の母平均の信頼区間は，$\bar{x} - 3.250(s/\sqrt{n}) < \mu < \bar{x} + 3.250(s/\sqrt{n})$ で計算される。

例題 9：ある工場で生産されている部品から無作為に 20 個を抽出してその重さを計測した結果，下の表の結果であった。この工場で生産される部品全体の母平均の 95％の信頼区間と 99％の信頼区間を求めなさい。

48.2, 49.8, 48.9, 50.0, 50.1, 48.7, 50.1, 51.2, 49.6, 49.5
49.8, 50.6, 50.2, 50.9, 52.1, 50.7, 50.5, 49.3, 50.2, 49.6
　　　　　　　　（この 20 個のデータは例題 6，例題 8 と同じ）

考え方と答：自由度は 19，平均 $\bar{x}$ は 50，標本の標準偏差（不偏分散の平方根）の s は 0.89266 である。また，$t_{0.025}(19) = 2.093$，$t_{0.005}(19) = 2.861$ である。

　信頼区間 95％の　下限は $50 - 2.093 \times 0.89266 \div \sqrt{20} = 49.5822$，上限は $50 + 2.093 \times 0.89266 \div \sqrt{20} = 50.4178$ である。

　信頼区間 99％の下限は $50 - 2.861 \times 0.89266 \div \sqrt{20} = 49.4289$，上限は $50 + 2.861 \times 0.89266 \div \sqrt{20} = 50.5711$。

第 1 章で学んだ Excel の標準アドインの「データ分析」でここで学んだ t 分布を使用した母平均の推定ができる。データメニューから「データ分析」を選択し，「基本統計量」の設定ウィンドウで「平均の信頼度の出力」にチェックマークをつけて，95（％）や 99（％）と指定すると，$\bar{x}$ から引くべき値，あるいは $\bar{x}$ に加えるべき値が出力の信頼度の欄に出力される。つまり，t 分布で「対応するべき値×標本から算出された標準偏差÷データ数の平方根」までを計算してくれる。ここに出力される値は，s がたとえば，セル B23 にあるとき，= CONFIDENCE.T (0.05,B23,20) でも求められる。

図表5-14 データ分析の基本統計量での母平均の信頼区間

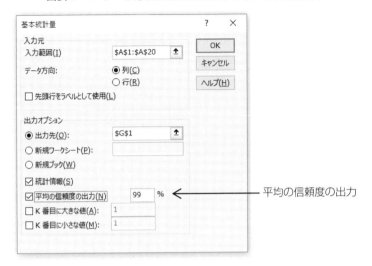

4 母比率の区間推定 —標本サイズが十分に大きいとき—

　母比率の推定は，不良品発生率や政党の支持率をサンプル調査から求める場合に用いられる。推定する母比率を p，標本サイズ n の標本で，ある事がらが起こった回数が x であれば，この標本での比率は x/n であり，この x/n から母比率 p を推定することを考える。x が標本サイズ n と母比率 p をパラメータとする2項分布に従うと考えると，その平均は np，分散は $np(1-p)$，標準偏差は $\sqrt{np(1-p)}$ と考えられる（第4章）。この2項分布で n が十分に大きくなったとき，正規分布 $N(np, np(1-p))$ に近くなると考える。

　標本においてそのことが起こった比率を $\hat{p}$ と表現すれば，$\hat{p} = x/n$ であり，$\hat{p}$ は，正規分布 $N(np, np(1-p))$ に従う x を n で割り，標本の分散は（無限）母集団の分散の $1/n$ であることを考え合わせて，$\hat{p}$ は $N(p, p(1-p)/n)$ の正規分布で近似できる分布をすると考える。この正規分布の平均と分散がこのようになるのは，$\hat{p}$ が従う2項分布の平均 np と分散 $np(1-p)$ を n で割り，さらに

標本の分散は母集団の分散の $1/n$ であることから分散をもう一度 n で割ったためである。

この $\hat{p}$ を標準化した値 z は次のように表現される。標準化とは平均を引き，標準偏差で割る操作である。標本における比率 $\hat{p}$ から，母比率 p を平均とみなして引き，$\hat{p}$ が従う正規分布 $N(p, p(1-p)/n)$ の標準偏差で割ったものが以下の式である。

$$z = \frac{\hat{p} - p}{\sqrt{p(1-p)/n}}$$

この z は標準正規分布 $N(0,1)$ に従うので，z が -1.96 から 1.96 の間にある確率は 95% ということになる。

$$\frac{\hat{p} - p}{\sqrt{p(1-p)/n}} > -1.96$$
$$\hat{p} - p > -1.96\sqrt{p(1-p)/n}$$
$$-p > -\hat{p} - 1.96\sqrt{p(1-p)/n}$$
$$p < \hat{p} + 1.96\sqrt{p(1-p)/n}$$

$$\frac{\hat{p} - p}{\sqrt{p(1-p)/n}} < 1.96$$
$$\hat{p} - p < 1.96\sqrt{p(1-p)/n}$$
$$-p < -\hat{p} + 1.96\sqrt{p(1-p)/n}$$
$$p > \hat{p} - 1.96\sqrt{p(1-p)/n}$$

以上の計算により，次のことがわかる。

母比率 p は 95% の確率で，$\hat{p} - 1.96\sqrt{\hat{p}(1-\hat{p})/n}$ から $\hat{p} + 1.96\sqrt{\hat{p}(1-\hat{p})/n}$ の間に存在する。この場合，この範囲を**信頼度** 95% の信頼区間という。

母平均の区間推定のときと同様に，99%（有意水準 1%）で母比率の存在期間を推定するなら，上記の 1.96 を 2.58 にして $\hat{p} - 2.58\sqrt{\hat{p}(1-\hat{p})/n}$ から $\hat{p} + 2.58\sqrt{\hat{p}(1-\hat{p})/n}$ の間に母比率が存在するとする。

第5章　母集団と標本と推定と検定

例題10：ある地域の 400 戸に対してある番組を見たか見なかったか聞いたところ，153 戸がみたと答えた。この番組の視聴率の信頼度 95％の信頼区間と信頼度 99％の信頼区間を求めなさい。

考え方と答：$\hat{p} = 153/400$ であり，95％の信頼区間と 99％の信頼区間は次のように計算される。

$$153/400 - 1.96\sqrt{\frac{(153/400)(247/400)}{400}}$$
$$= 0.3825 - 1.96 \times \sqrt{0.3825 \times 0.6175} \div 20$$
$$= 0.3825 - 1.96 \times 0.486 \div 20$$
$$= 0.334872$$

$$153/400 + 1.96\sqrt{\frac{(153/400)(247/400)}{400}}$$
$$= 0.3825 + 1.96 \times \sqrt{0.3825 \times 0.6175} \div 20$$
$$= 0.3825 + 1.96 \times 0.486 \div 20$$
$$= 0.4301277$$

より，95％信頼区間の下限は 33.4872％，上限は 43.0128％である。

99％の区間推定は

$$153/400 - 2.58\sqrt{\frac{(153/400)(247/400)}{400}}$$
$$= 0.3825 - 2.58 \times \sqrt{0.3825 \times 0.6175} \div 20$$
$$= 0.3825 - 2.58 \times 0.486 \div 20$$
$$= 0.319806$$

$$153/400 + 2.58\sqrt{\frac{(153/400)(247/400)}{400}}$$
$$= 0.3825 + 2.58 \times \sqrt{0.3825 \times 0.6175} \div 20$$
$$= 0.3825 + 2.58 \times 0.486 \div 20$$
$$= 0.445194$$

より，99％信頼区間の下限は 31.9806％，上限は 44.5194％である。
なお，同様の計算を Excel で行うには，95％信頼区間は，
= CONFIDENCE.NORM（5％, SQRT((153/400)*(247/400)), 400)

の計算値を 153/400 から引いて下限を求める。上限はこの計算値を 153/400 に加える。99％信頼区間は，
＝CONFIDENCE.NORM（1％,SQRT((153/400)*(247/400)),400）
の計算値を 153/400 から引いて下限を求める。上限は計算値を 153/400 に加える。わずかに上の計算結果と異なるかもしれないが，大きな違いでなければ気にしなくてもいいだろう。

5　母分散の区間推定

　母平均 μ，母分散 σ^2 で正規分布する母集団からサイズ n で無作為に抽出された標本の不偏分散を s^2 とする。このとき，「$(n-1)s^2/\sigma^2$ が自由度 $(n-1)$ の χ^2 分布に従う」として母分散の信頼区間を推定する。**図表5-5**のように，χ^2 分布は自由度が3以上であれば，自由度が増えるほど，ピークが右寄りになる左右不対称な分布になる。このとき，左端と右端2.5％ずつを取り除いた面積は95％となる。母分散が存在する95％信頼区間はこの両端を取り除いた部分に相当する。

図表5-15　自由度(n－1)のχ^2分布

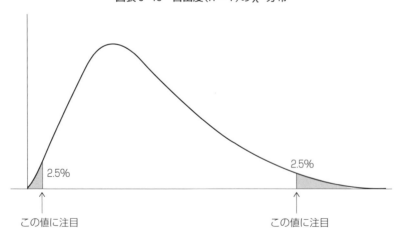

自由度9の場合，図表5-15の左端2.5％に対応する値は，= CHISQ.INV（2.5％,9）で求められ，**2.7**である。右端2.5％に対応する値は= CHISQ.INV（97.5％,9）で求められ，**19.02**である。s^2（標本から求められた分散。不偏分散）が2であったとすれば，$2.7<(n-1)s^2/\sigma^2<19.02$ を解けば σ^2 の信頼区間は求められる。

$2.7<9\times(2/\sigma^2)$	$9\times(2/\sigma^2)<19.02$
$2.7\sigma^2<18$	$18<19.02\sigma^2$
$\sigma^2<6.6667$	$\sigma^2>0.9464$

であるから，母分散 σ^2 は95％の確率で0.9464から6.6667の範囲に存在する。自由度9，$s^2=2$ の99％の範囲を求めるには，= CHISQ.INV（0.5％,9）より1.73，23.59を用いる。母分散 σ^2 は99％の確率で0.76304から10.40462の範囲に存在する。

例題11：ある工場で生産される部品10個をランダムに抜き出し，その重さを計測したところ，5.6，5.5，5.7，5.6，5.5，5.7，5.2，5.4，5.5，5.3であった。この工場で生産される部品の重さは正規分布する。母集団の分散の信頼度95％の信頼区間と信頼度99％の信頼区間を求めなさい。

考え方と答：母分散の95％信頼区間

$s^2=0.024$，自由度9の χ^2 分布の95％の範囲は2.7から19.02である。

$2.7<9\times(0.024/\sigma^2)$	$9\times(0.024/\sigma^2)<19.02$
$2.7\sigma^2<0.216$	$0.216<19.02\sigma^2$
$\sigma^2<0.08$	$\sigma^2>0.01136$

母分散の99％信頼区間

$$1.73 < 9 \times (0.024/\sigma^2)$$
$$1.73\sigma^2 < 0.216$$
$$\sigma^2 < 0.1248555$$

$$9 \times (0.024/\sigma^2) < 23.59$$
$$0.216 < 23.59\sigma^2$$
$$\sigma^2 > 0.009156$$

第4節　検　　定

「検定」とは，母集団についての仮説が正しいか正しくないかを，標本データを材料にして定まった方法で計算した値をもとに判定することである。まず，「帰無仮説」と「対立仮説」による統計学独特の検定方法を紹介する。次に仮説検定が構造的に抱えている誤りについて「第Ⅰ種の誤り」と「第Ⅱ種の誤り」として吟味し，最後にパーソナル・コンピュータを使用した検定の例として，Excelの「分析ツール」にある「母平均の差の検定」を紹介する。

1　帰無仮説と対立仮説による検定

統計学での検定は，まず，標本を分析した結果「棄却される」か「棄却されない」かという2つに1つの運命をたどる「帰無仮説」を立てる。帰無仮説は「棄却」されて，検定を実施する主体の主張を検証するために使用されることが多い。

「帰無仮説」が立てられれば，その「帰無仮説」が棄却されたときに採用される「対立仮説」は容易に立てられる。なお，帰無仮説はH_0，対立仮説はH_1という記号が用いられる。

たとえば，「ある国の世帯平均年収は70000ドルである」という仮説を検定したいなら，その国全体の世帯の平均年収額をμとして以下のような帰無仮説と対立仮説を立てる。

第5章 母集団と標本と推定と検定

> 帰無仮説 H_0: $\mu = 70000$
>
> 対立仮説 H_1: $\mu \neq 70000$

次にデータを分析する。**図表5-16**は，偏りなく抽出した50世帯の世帯年収のデータである。平均（標本平均）は63875.54ドル，不偏分散が139804664.2であった。この不偏分散で母分散を代用するか，あるいは，母分散は139804664.2とわかっているとする。標準偏差は11823.9である。

図表5-16 世帯平均年収の検定で使用したデータ

データ番号	世帯平均年収
1	64392
2	66121
3	43259
4	64632
5	64243
6	60634
7	73331
8	64379
9	64555
10	68244
11	64903
12	73137
13	39362
14	60847
15	64584
16	64373
17	71452
18	56514
19	67415
20	80497
21	42759
22	51283
23	60231
24	69763
25	72501
26	67224
27	65499
28	62281
29	45616
30	69209
31	79753
32	76822
33	83528
34	63105
35	80275
36	54867
37	56570
38	61136
39	75411
40	62686
41	64495
42	50358
43	88415
44	87100
45	36119
46	59284
47	59667
48	74440
49	50591
50	45915

平均→	63875.54
標準偏差→	11823.9

図表5-16のデータを標準化した値 $z_0 = \dfrac{\bar{x} - 70000}{\sigma/\sqrt{n}}$ が図表5-17に示す標準正規分布の両端2.5%に入れば、それは「世帯平均年収が70000ドルであるなら、この50世帯の標本は珍しい状態になっている」ということになる。

「世帯平均年収が70000ドルであるなら、この50世帯の標本は珍しい状態になっている」の「珍しい」の基準を「**有意水準**」という。有意水準は5%、あるいは1%などが使用される。統計的検定では、有意水準を5%としたとき、「珍しいことが起こった」ということを「5%しか起こらないことが起こった。何かがおかしい」と解釈する。そして、5%しかありえないことが起こったのは、最初の設定である帰無仮説の「母集団の平均を70000ドル」というのが誤っていたと判定し、帰無仮説の $\mu = 70000$ を棄却するのである。帰無仮説を棄却することによって対立仮説が採用される。

図表5-17　有意水準5%の棄却域

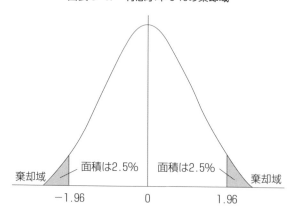

$z_0 = \dfrac{\bar{x} - 70000}{\sigma/\sqrt{n}}$ に、$\bar{x} = 63875.54$、$\sigma = 11823.9$、$\sqrt{n} = \sqrt{50} = 7.071$ を代入すると、$z_0 = -3.6626$ となり、-1.96 より小さい。したがって、帰無仮説の $\mu = 70000$ は棄却され、対立仮説が採択される。結論は「その国の世帯平均年

収は70000ドルではない」である。

なお,対立仮説はこの例のように≠で表される場合もあるし,不等号が使われる場合もある。**図表5-17**は両側検定の例であるが,対立仮説が不等号で表現されるときは,片側検定が行われる。たとえば,何らかの情報により,ある国の世帯平均年収は70000ドルより少なくなることはないとわかっているとき($\mu<70000$にはならないことがわかっているとき)の帰無仮説と対立仮説は,

　　　帰無仮説H_0:$\mu=70000$
　　　対立仮説H_1:$\mu>70000$

となり,棄却域は右側だけに設定し,右側だけの5%なので,基準になる値は1.64となる。

同様に,帰無仮説で指定した値より大きくなることはないことが事前にわかっている場合は,

　　　帰無仮説H_0:$\mu=70000$
　　　対立仮説H_1:$\mu<70000$

とし,棄却域も左側だけに5%設定し,基準になる値は-1.64である。

もし,Excel関数で-3.6626の値を求めるとしたら,第4章で学んだ=NORM.S.INV関数と=Z.TEST関数を用いて以下のようにしよう。=NORM.S.INV関数の引数は「確率」のみ,=Z.TEST関数は(配列,検定に用いる平均値,標準偏差)である。50世帯の年収がB1:B50にあり,検定する値が70000,50世帯の標準偏差(=STDEV.S)がD2に計算されていたときは=NORM.S.INV(1-Z.TEST(B1:B50,70000,D2))によって求められる。

2　第Ⅰ種の誤りと第Ⅱ種の誤り

帰無仮説と対立仮説による検定でも感じられたことと思われるが,統計学の検定には誤りが生じる可能性がある。**図表5-16**の世帯平均年収の例でも,母平均が70000であっても5%は標本のような状態になるのである。この場合は,帰無仮説$\mu=70000$は正しいにも関わらず,棄却されてしまうことになる。こ

の「帰無仮説が真（正しい）であるのに，帰無仮説を棄却する」誤りを「第Ⅰ種の誤り」という。第Ⅰ種の誤りをおかす確率は有意水準と等しい。

一方，「対立仮説が真（正しい）であるのに，帰無仮説を棄却しない」という誤りもあり，この誤りを「第Ⅱ種の誤り」という。

帰無仮説を棄却したときは「第Ⅰ種の誤り」，帰無仮説を棄却しなかったときは「第Ⅱ種の誤り」に陥っている可能性に注意しよう。

3　母平均の差の検定　—Excelのデータ分析の「z検定」と「t検定」と「分散分析」の使い方—

ここからは，Excelの「データ分析」を使用して「平均の差」の検定を学ぶ。「データ分析」のインストール方法は第1章第3節に記載したとおり，「ファイル」→「オプション」→「アドイン」のあと，画面下部の「設定」ボタンをクリックし，「分析ツール」にチェックマークを付けるだけである。この操作をしたあとはいつでも，データメニューの右端に「データ分析」ボタンが現れる。

1）データ分析の「z検定：2標本による平均の検定」

z検定は「正規分布する」ことがわかっている2つのグループの「平均値の差」を検定するものである。正規分布することがわかっていて，さらに，データ数が30組以上の場合に使用できる。データ組数が30組未満の場合は後述の「t検定」を用いる。

図表5-18は二つの農場のある作物1株あたりの重さであり，それぞれの農場の35株ずつ重さを計測したものである。A農場とB農場のこの作物の1株の重さは正規分布することがわかっている。

まず，平均を計算してみよう。平均を求める関数は＝AVERAGEである。A農場の作物の平均は54.94gであり，B農場の平均は47.11gである。これだけでA農場の作物の方がB農場の作物より重いといっていいだろうか？わず

第5章　母集団と標本と推定と検定

か35株だけのデータの平均なので、「それは単なる誤差の範囲での違いではないか？」とか「A農場全体（母集団）とB農場全体（母集団）のその作物の1株の重さには違いはないのに、たまたま35株の標本ではこういうことになっているにすぎないのではないか」という疑問もわいてくる。そこで、z検定を実施して「誤差の範囲」なのか「統計的に有意な差」なのかを判定してみる。

図表5-18　z検定用データ

A農場	B農場
39	61
53	43
46	44
43	44
74	37
36	63
46	52
54	29
30	59
46	68
63	62
56	30
53	53
75	59
65	25
42	54
68	14
40	60
91	47
73	55
53	59
54	49
38	42
35	46
51	55
55	32
42	40
58	55
64	63
87	33
52	29
66	62
67	46
59	29
49	50

A農場平均	54.94286
B農場平均	47.11429

A農場分散	207.8202
B農場分散	175.8689

173

Excelの「データ分析」のz検定を行う前に，２つの農場からの標本の不偏分散を求めておかなくてはいけない。不偏分散を求める関数は＝VAR.Sである。**図表５-18**のように各農場の平均と分散を計算しておこう。

仮説検定の考え方で表記すると，
帰無仮説H_0：Ａ農場の作物の重さの母平均＝Ｂ農場の作物の重さの母平均
対立仮説H_1：Ａ農場の作物の重さの母平均≠Ｂ農場の作物の重さの母平均
となる。

Excelの「データ分析」の「ｚ検定：２標本による平均の検定」は以下の手順で進める。あらかじめ，シートの１行目のセル（列は任意）をアクティブにしておくと，途中で分散を入力するときに画面がスクロールできなくて困ることがない。

① データメニューから「データ分析」を選び，「ｚ検定：２標本による平均の検定」を選択する。
② **図表５-19**のように，変数１の入力範囲（Ａ農場），変数２の入力範囲（Ｂ農場）を指定し，変数１の分散と変数２分散は＝VAR.Sで求めた値を目で見てキーボード入力し，ラベルにチェックをいれ，α（有意水準）は0.05のまま，出力するセルを指定して OK ボタンをクリックする。

図表５-19　Ａ農場とＢ農場からのサンプルの重さとｚ検定の結果

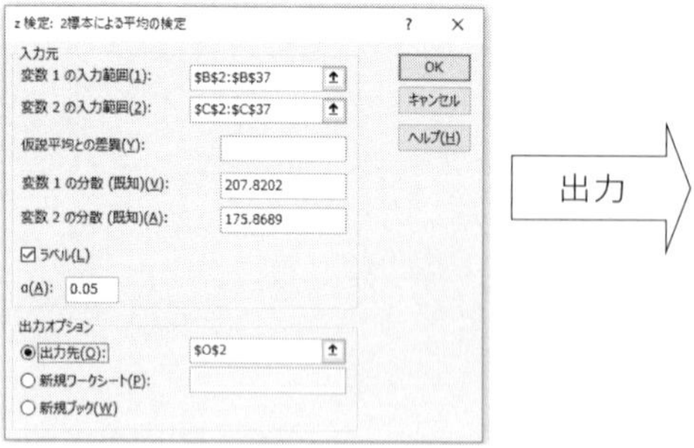

z-検定: 2 標本による平均の検定

	A農場	B農場
平均	54.94285714	47.11428571
既知の分散	207.8202	175.8689
観測数	35	35
仮説平均との差異	0	
z	2.364431898	
P(Z<=z) 片側	0.009028874 ← ここを見る	
z 境界値 片側	1.644853627	
P(Z<=z) 両側	0.018057747	
z 境界値 両側	1.959963985	

z検定：2標本による平均の検定の出力の見方

「P(Z<=z)片側」の数字が a (0.05) より小さければ，「A農場の作物の重さの母平均＝B農場の作物の重さの母平均」という帰無仮説を棄却して「A農場とB農場の作物の重さには有意な差がある」となる。a (0.05) より大きければ帰無仮説を棄却できないので「有意な差があるとはいえない」となる。この例では 0.009 なので，「A農場とB農場のこの作物の重さの平均には有意な差がある」となる。

ステップアップ

「P(Z<=z)片側」以外の出力をみてみよう。「平均」，「既知の分散」，「観測数」は入力データのとおりである。「仮説平均との差異」については，今回は指定していない。z の値は今回の標本のような結果になる確率を考えるための標準正規分布上の x 軸上の値である。z の計算方法については本書では触れない。「P(Z<=z)片側」は計算された z の上側確率である。このような標本の状態になる確率は 0.009，つまり，0.9％である。今回の検定では有意水準 a を 5％としており，その 5％より小さいので，平均には「有意差あり」となるのである。

図表5-20　z検定出力と片側検定と両側検定のイメージ

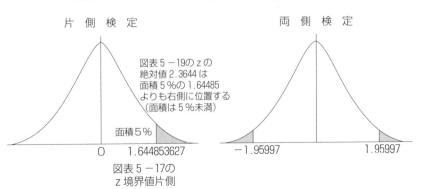

「z 境界値片側」は片側5％（上側確率5％）の標準正規分布上の横軸の値である。zとこの「z 境界値片側」を比べても，2.36443＞1.64485なので，2.36443は「有意差あり」と判定される範囲にあることがわかる。「P(Z＜＝z)両側」は「z 境界値片側」を2倍した値。「z 境界値両側」は両側検定を行ったときの棄却域との境界値である。

今回の例では平均値をすでに見ており，A農場＞B農場であることはわかっていたので，「片側検定」でよい。「A農場のある作物の重さとB農場のその作物の重さは等しい」という帰無仮説は有意水準5％のもとで棄却された。「P(Z＜＝z)片側」の値が0.9％なので，より厳しい有意水準1％のもとでも，ぎりぎりで棄却される。

zの値が「2.364431898」のとき，P(Z＜＝z)片側が0.009028874になることは，＝1-NORM.S.DIST(2.364431898,TRUE)で確認できる。また，片側検定で5％の棄却域の境界値は，＝-NORM.S.INV(5％)で求められること，z 境界値両側が，＝-NORM.S.INV(2.5％)で求められることも確認しよう。

2) データ分析の「t検定：一対の標本による平均の検定」

t 検定はt分布を用いて検定を行う。「一対の標本」とは，たとえば，同一人物の試験1回目の点数と試験2回目の点数，系列量販店各店舗の同一店舗の広告イベント前の売り上げと広告イベント後の売上など，同じ主体からデータを2回採取したときに適用される検定方法である。2つのデータ系列に「対応がある」といわれることもある。「一対の」と「対応がある」は同じ意味である。

図表5-21は入力データと出力結果を表示している。12人の学生の統計学試験1回目の平均点は61.41666…であり，統計学試験2回目の平均点は66.16666…である。この平均点には有意差があるかを有意水準5％で検定した。手順は，以下のとおりである。

第5章　母集団と標本と推定と検定

① データメニューから「データ分析」を選び、「t検定：一対の標本による平均の検定」を選択して OK ボタンをクリックする。
② 変数1の入力範囲をB1からB13、変数2の入力範囲をC1からC13とし、ラベルにチェックして、a は 0.05 のまま、出力先をしてして OK ボタンをクリックする。

図表 5-21　t 検定：一対の標本による平均の検定のデータと出力

	A	B	C	D	E	F	G
1	学籍番号	統計学試験1回目	統計学試験2回目		t-検定:一対の標本による平均の検定ツール		
2	YU0001	56	58				
3	YU0002	80	78			統計学試験1回目	統計学試験2回目
4	YU0003	45	70		平均	61.41666667	66.16666667
5	YU0004	50	60		分散	395.719697	431.6060606
6	YU0005	65	65		観測数	12	12
7	YU0006	95	100		ピアソン相関	0.929203333	
8	YU0007	20	15		仮説平均との差異	0	
9	YU0008	65	74		自由度	11	
10	YU0009	70	73		t	-2.136847511	
11	YU0010	66	66		P(T<=t) 片側	0.027955353	
12	YU0011	45	50		t 境界値 片側	1.795884819	
13	YU0012	80	85		P(T<=t) 両側	0.055910706	
14					t 境界値 両側	2.20098516	
15	平均	61.41666667	66.16666667				

t 検定：一対の標本による平均の検定の出力の見方

片側検定を行った場合を説明する。「P(T＜＝t)片側」の数字が a より小さければ、「平均には有意差がある」となり、a より大きければ「平均には有意差があるとはいえない（誤差の範囲である）」とみなされる。この例では、この値が 0.027955353 であり、0.05 より小さいので、「統計学試験1回目と2回目の点数には有意な差がある」という結果になった。しかし、「P(T＜＝t)両側」であれば、わずかに 0.05 を超える。片側検定では、統計学試験1回目の平均と統計学試験2回目の平均には有意差があるが、両側検定では有意差が検出されないことになる。

t 検定に対応する関数は = T.TEST である。「統計学試験1回目」のデータ

範囲を配列1,「統計学試験2回目」のデータ範囲を配列2としたとき,＝T.TEST（配列1,配列2,検定の指定,検定の種類）。検定の指定は,「片側検定」の場合は1,両側検定の場合は2を指定する。検定の種類は,「対応のある検定（一対の標本による検定）」の場合は1,「等分散が仮定できる2標本」の場合は2,「分散が等しくないと仮定した2標本」の場合は3である。

図表5-21の例で片側検定を行うときは,＝T.TEST（B2:B13,C2:C13,1,1）,両側検定を行うときは,＝T.TEST（B2:B13,C2:C13,2,1）で,それぞれ図表5-21の「P(T＜=t)片側」,「P(T＜=t)両側」と同じ値が求められる。

3）データ分析の「t検定：等分散を仮定した2標本による検定」

「t検定：等分散を仮定した2標本による検定」と次の「t検定：分散が等しくないと仮定した2標本による検定」はt検定を実施する前に2標本の分散が等しいか等しくないかを調べる「F検定」を実施しなければならない。

F検定も「データ分析」のメニューから「F検定」を選択して,出力結果の「P(F＜=f)片側」の値が有意水準aより大きいか小さいかで判定する。

図表5-22のデータは,夜間照明を行うと収量が減るといわれているため農場周辺は夜間非常に暗く,交通事故等が懸念されている。そこで,収量の減らないライトを新開発し,「夜間照明なし」に比べて「新開発のライトを使用した」農場で収量が減じたか減じたとはいえないかを検定したい例である。

F検定で等分散であることを確認してから「t検定：等分散を仮定した2標本による検定」の手順を紹介する。

帰無仮説H_0
夜間照明なしのときの収量の母平均＝新開発のライトでの収量の母平均
対立仮説H_1
夜間照明なしのときの収量の母平均≠新開発のライトでの収量の母平均

第5章 母集団と標本と推定と検定

図表5-22 夜間照明別収量

No.	夜間照明なし	新開発のライト
1	368.2	360.0
2	380.0	358.4
3	355.5	345.7
4	356.8	349.8
5	358.4	360.0
6	355.7	352.2
7	360.4	377.7
8	375.4	355.5
9	355.5	
10	353.8	
11	355.2	
12	333.5	
平均	359.0	357.4

① データメニューから「データ分析」を選び,「F検定:2標本を使った分散の検定」を選択して OK ボタンをクリックする。
② 変数1と変数2の入力範囲を指定し,ラベルにチェックして,$α$は0.05のまま,出力先を指定して OK ボタンをクリックする。

F検定:2標本を使った分散の検定の出力の見方

図表5-23はF検定の出力である。「P(F<=f)片側」(下から2行目)の値は0.305727362である。この値が$α$(0.05)より大きいので,分散には差がない,つまり等分散を仮定することができる。

=F.TEST関数はF分布の両側の確率を計算してしまうので,=F.TEST(配列1,配列2)を使用したときは2で割ると**図表5-23**の「P(F<=f)片側」と同じ値が得られる。

179

図表 5-23　F 検定の出力

F - 検定：2 標本を使った分散の検定

	夜間照明なし	新開発のライト
平均	359.0333333	357.4125
分散	138.9878788	93.12982143
観測数	12	8
自由度	11	7
観測された分散化	1.492410021	
P(F<=f)片側	0.305727362	
F 境界値 片側	3.603037269	

続けて,「t 検定：等分散を仮定した 2 標本による検定」を行う。

① データメニューから「データ分析」を選び,「t 検定：等分散を仮定した 2 標本による検定」を選択して OK ボタンをクリックする。
② 変数1と変数2の入力範囲を指定し, ラベルにチェックして, α は0.05のまま, 出力先をしてして OK ボタンをクリックする。

t 検定：等分散を仮定した 2 標本による検定の出力の見方

「P(T<=t)片側」の値は 0.375350585 であり, 有意水準 $\alpha=0.05$ より大きい。したがって,「夜間照明なしのときの収量の母平均＝新開発のライトでの収量の母平均」という帰無仮説を棄却せず,「夜間照明をしない収量の母平均と新開発のライトを使用した収量の母平均には有意な差はない」と結論される。

図表 5-22 の例で片側検定を行うときは, ＝T.TEST(配列 1, 配列 2, 1, 2), ＝T.TEST(配列 1, 配列 2, 2, 2)で, それぞれ**図表 5-24** の「P(T<=t)片側」,「P(T<=t)両側」と同じ値が求められる。

第5章 母集団と標本と推定と検定

図表5-24　t検定：等分散を仮定した2標本による検定の出力

t-検定：等分散を仮定した2標本による検定

	夜間照明なし	新開発のライト
平均	359.0333333	357.4125
分散	138.9878788	93.12982143
観測数	12	8
プールされた分散	121.1541898	
仮説平均との差異	0	
自由度	18	
t	0.322618865	
P(T<=t)片側	0.375350585	
t 境界値 片側	1.734063607	
P(T<=t)両側	0.75070117	
t 境界値 両側	2.10092204	

4) データ分析の「t検定：分散が等しくないと仮定した2標本による検定」

図表5-25はA地域の12世帯，B地域の10世帯の食費を調査したものである。平均はA地域が5.6(万円)，B地域が6.1(万円)だが，この差が統計的に有意か有意でないかを調べたい。t検定を用いるが，t検定を実施する前に分散が等しいか等しくないかをF検定で調べる。

図表5-25　2つの地域の世帯の食費

No.	A地域世帯の食費 (単位：万円)	B地域世帯の食費 (単位：万円)
1	5.5	6.0
2	6.3	6.2
3	4.3	5.9
4	5.9	6.0
5	5.9	5.8
6	4.4	6.5
7	6.5	6.4
8	5.9	6.0
9	5.2	6.3
10	5.8	6.0
11	5.5	
12	5.5	
平均	5.6	6.1

帰無仮説H_0：A地域の食費の平均＝B地域の食費の平均
対立仮説H_1：A地域の食費の平均≠B地域の食費の平均

「データ分析」のF検定の結果，「P(F＜＝f)片側」の値が0.001623709でa（0.05）より小さいので，「分散が等しくない」と判定できる。そこで，「t検定：分散が等しくないと仮定した2標本による検定」を実施した結果，「P(T＜＝t)片側」の値が0.008989028となり，有意差が見られた。したがって，「A地域の食費の平均とB地域の食費の平均には有意な差がある」という結果になった。

図表5-26　F検定と分散が等しくないt検定の出力

F-検定：2標本を使った分散の検定

	A地域世帯の食費	B地域世帯の食費
平均	5.558333333	6.11
分散	0.446287879	0.052111111
観測数	12	10
自由度	11	9
観測された分散化	8.564159721	
P(F＜＝f)片側	0.001623709	
F 境界値 片側	3.102485408	

t-検定：分散が等しくないと仮定した2標本による検定

	A地域世帯の食費	B地域世帯の食費
平均	5.558333333	6.11
分散	0.446287879	0.052111111
観測数	12	10
仮説平均との差異	0	
自由度	14	
t	-2.679074325	
P(T＜＝t)片側	0.008989028	
t 境界値 片側	1.761310136	
P(T＜＝t)両側	0.017978055	
t 境界値 両側	2.144786688	

3つ以上の標本の検定には後述の「分散分析」を用いるべきである。t検定を繰り返し使用すると、棄却域に入った情報が累積して検定の制度が低くなる。t検定を繰り返した場合は、有意水準を0.05としたとき、3回検定を繰り返すと、どこかで第Ⅰ種の誤りを犯す確率は、$1-0.95^3=0.14$となるので、3グループ以上の検定は分散分析で一度の検定を行うべきである。

分散分析の前提は、正規分布する母集団から無作為抽出された標本であり、かつ、等分散性が仮定されていることである。そして、分散分析の結果、平均値に差があるとなったときは、3つの標本で分散分析した際は、すべての標本の間に差があるのではなく、どこかの組合せに差があるということになる。

5) データ分析の「分散分析：一元配置」

図表5-27はある商品を扱うA社とB社の社員を対象にその商品に関する研修会を実施したあと、「研修会に出席した社員」「研修会に欠席したが研修会のテキストは入手した社員」「研修会に欠席してテキストも入手していない社員」の3グループにわけ、A社から各グループ4名、B社からも各グループ4名ずつの合計24名のその商品の1カ月の売上個数を調査したものである。まず、「研修会に出席した」「欠席したがテキストは入手した」「欠席してテキストも入手していない」の3グループの各グループ8人の売上個数の平均に差があるかを「分散分析：一元配置」で分析してみよう。

図表5-27 分散分析：一元配置のデータと一元配置分散分析の設定

	A	B	C
1	研修出席	研修欠席テキストのみ入手	研修欠席テキスト未入手
2	645	627	606
3	658	633	619
4	644	611	572
5	650	620	600
6	638	608	588
7	601	578	532
8	630	586	560
9	600	580	550

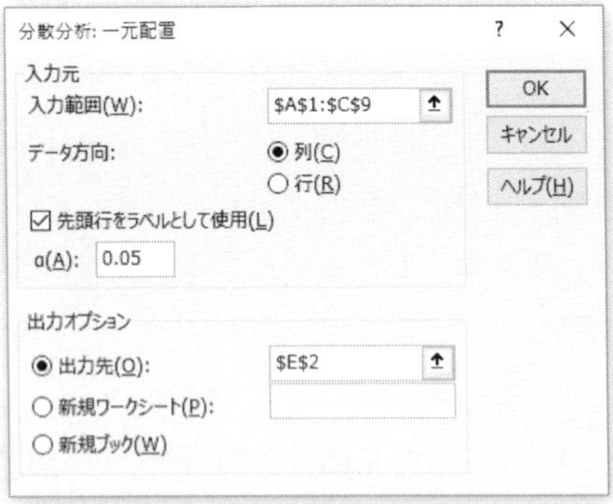

「データ分析」メニューから「分散分析：一元配置」を選択し，入力範囲（項目名も含めて表全体）と出力先を指定し，aは0.05のままで OK ボタンをクリックすると図表5-28が出力される。

出力された「概要」には，一般に記述統計量とよばれる統計値が表示される。平均値に有意差があるかどうかは，「分散分析表」の「P-値」の欄をみよう。この値が0.05より小さければ，3グループ間のどこかに，平均値に有意差があるということである。この場合，P-値は0.000978なので，研修への出席やテキストの入手により有意差が生じたと考えられる。その差が「研修出席」と「研修欠席テキストのみ入手」の間にあるのか，「研修出席」と「研修欠席テキスト未入手」の間にあるのか，「研修欠席テキストのみ入手」と「研修欠席テキスト未入手」の間にあるのかはここではわからない。

図表 5-28　分散分析：一元配置の出力

分散分析: 一元配置

概要

グループ	データの個数	合計	平均	分散
研修出席	8	5066	633.25	475.0714
研修欠席テキストのみ入手	8	4843	605.375	464.5536
研修欠席テキスト未入手	8	4627	578.375	901.125

分散分析表

変動要因	変動	自由度	分散	観測された分散比	P-値	F 境界値
グループ間	12046.08333	2	6023.042	9.816175	0.000978	3.4668001
グループ内	12885.25	21	613.5833			
合計	24931.33333	23				

6) データ分析の「分散分析：繰り返しのない二元配置」

「分散分析：繰り返しのない二元配置」では，入力データを図表5-29のように社別・研修出欠テキスト入手状況別に1つずつのデータを用意する。（図表5-29の例では，それぞれの項目ごとに各グループ4名の売上個数の平均を設定している。）

手順は，「データ分析」メニューから「分散分析：繰り返しのない二元配置」を選択し，入力範囲（社名や項目名も含めて表全体）と出力先を指定し，aは0.05のままで OK ボタンをクリックするのみである。

出力のうち「分散分析表」をみる。「行」はA社とB社の別，「列」は研修の出欠やテキストの入手状況を表す。どちらも「P-値」の欄が有意水準5%より小さいので，社別にみても，研修出欠テキスト入手状況別にみても売上個数の平均には「有意差がある」といえる。

図表5-29　分散分析：繰り返しのない二元配置の入力と出力（分散分析表）

	研修出席	研修欠席テキスト入手	研修欠席テキスト未入手
A社	649.25	622.75	599.25
B社	617.25	588	557.5

分散分析: 一元配置

概要

グループ	データの個数	合計	平均	分散
A社	3	1871.25	623.75	625.75
B社	3	1762.75	587.5833	892.6458
研修出席	2	1266.5	633.25	512
研修欠席テキストのみ入手	2	1210.75	605.375	603.7813
研修欠席テキスト未入手	2	1156.75	578.375	871.5313

分散分析表

変動要因	変動	自由度	分散	観測された分散比	P-値	F 境界値
行	1962.042	1	1962.042	155.2811	0.006378	18.51282
列	3011.521	2	1505.76	119.1698	0.008322	19
誤差	25.27083	2	12.63542			
合計	4998.833	5				

7）　データ分析の「分散分析：繰り返しのある二元配置」

「分散分析：繰り返しのある二元配置」は社別，研修会出欠やテキスト入手状況ごとに複数のデータがある場合に使用する。特徴は「交互作用」をみることである。図表5-30に示すような入力データに対し，「データ分析」メニューから「分散分析：繰り返しのある二元配置」を選択し，入力範囲や出力範囲や α （=0.05）の他に，「1標本あたりの行数」を，この場合は，「4」と入力する。

図表5-30　分散分析：繰り返しのある二元配置の入力データ

	研修出席	研修欠席テキスト入手	研修欠席テキスト未入手
A社	645	627	606
A社	658	633	619
A社	644	611	572
A社	650	620	600
B社	638	608	588
B社	601	578	532
B社	630	586	560
B社	600	580	550

図表5-31　分散分析：繰り返しのある二元配置の出力（分散分析表）

分散分析表

変動要因	変動	自由度	分散	観測された分散比	P-値	F 境界値
標本	7848.167	1	7848.166667	28.61973258	4.38E-05	4.413873
列	12046.08	2	6023.041667	21.96406036	1.48E-05	3.554557
交互作用	101.0833	2	50.54166667	0.184309157	0.833229	3.554557
繰り返し誤差	4936	18	274.2222222			
合計	24931.33	23				

「分析分析表」をみると，標本（社別）と列（研修・テキスト別）の他に「交互作用」にも「P-値」が出力されている。最初に見るのは「交互作用」の「P-値」である。この例ではこの値が0.05より大きい。交互作用の「P-値」が0.05より大きいと「交互作用なし」となり，「P-値」が0.05より小さいと「交互作用あり」となる。この例では，「交互作用なし」となった。

「交互作用なし」のときは，研修の出欠やテキスト入手状況によって売上個数が変動するが，その影響の現れ方はA社とB社で違いはないということを表す。「標本」は社別を表し，「列」は研修の出欠やテキストの入手状況を表し，この例では，どちらの「P-値」も0.05より小さいので，社別も研修出欠やテキスト入手状況も売上個数に有意差を生じさせる。

一方，もし，「交互作用あり」であれば，研修の出欠やテキスト入手・未入手といった要因が，A社とB社とで売上個数へ与える影響の仕方が異なることを表す。このときは「標本」や「列」の「P-値」を参照する必要はなく，「交互作用あり」という結論で終わる。

「交互作用なし」のときは，図表5-32のようにA社とB社の研修出欠やテキスト入手状況と売上個数の関係を表すグラフが平行になる。「交互作用あり」のときは平行にならない。

図表5-32 交互作用なしと交互作用あり

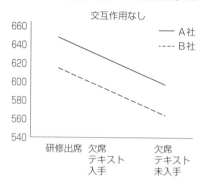

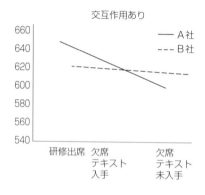

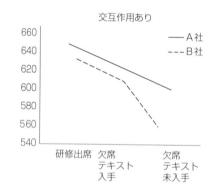

〔第 5 章　問題の解答〕

問題 5.1　受験者 100 人の試験は有限母集団である。

$$_{100}C_6 = 1,192,052,400。$$

標本の平均の平均は母平均と等しいので 70。

標本の平均の分散は $\dfrac{100-6}{100-1} \cdot \dfrac{1}{6} \times 13 = \dfrac{94}{99} \cdot \dfrac{1}{6} \times 13 = 2.057239$。

問題 5.2　無限母集団における平均の平均と分散を求める問題。

重量の期待値は母平均と同じとみなせるので，70 g。

分散は $\dfrac{1}{100} \times 13 = 0.13$。

〔注〕

1) 「ランダムサンプリング」ともいう。現実には無作為に抽出することは難しい場合が多いが，無作為に近づける方法はいくつか考えられている。
2) t 分布の t の由来は，T の発見についての論文「平均値の誤差の確率分布」（1908 年）が "student" というペンネームで発表されたことによる。"student" の本名はゴセット（William Sealy Gosset）である。勤務していたビール会社の企業秘密への配慮からペンネームが使用された。
3) T のもう一つの数式表現として，母集団の分散を σ^2 として，自由度 $(n-1)$ の χ^2 分布をする $s^2 n/\sigma^2$ を用いて T ＝（標準正規分布のデータ z）× $\sqrt{W の自由度} \div \sqrt{\chi^2 分布 W}$ というものもある。
4) 無限母集団の分散の場合

〔参考文献〕

市原清志・佐藤正一　『カラーイメージで学ぶ統計学の基礎　第 2 版』　日本教育研究センター　2011 年 3 月 15 日

上田太一郎監修　近藤宏・渕上美喜・末吉正成・村田真樹　『Excel でかんたん統計分析 ―［分析ツール］を使いこなそう！―』　オーム社　2008 年 10 月 20 日

木下宗七編　『入門統計学［新版］』　有斐閣　2011 年 2 月 20 日

栗原伸一　「入門統計学　―検定から多変量解析・実験計画法まで―」　オーム社　2011 年 7 月 25 日

小島寛之　『完全独習　統計学入門』　ダイヤモンド社　2017 年 4 月 26 日

鳥居泰彦　　『はじめての統計学』　日本経済新聞出版社　2008年2月8日
牧厚志・和合肇・西山茂，人見光太郎・吉川肇子・吉田栄介・濱岡豊　『経済・経営の
　　　　ための統計学』　有斐閣　2005年3月10日
宮川公男　　『基本統計学［第3版］』　有斐閣　2004年5月30日
P.G.ホーエル　　「初等統計学原書第4版」　培風館　2016年2月25日

「統計WEB」の「統計学の時間」　株式会社社会情報サービス（https://bellcurve.jp/statistics/course/）（2018年5月現在）
【統計学の入門サイト】　統計ドットリンク（http://toukei.link/probabilitydistributions/chisq-distribution/）（2018年7月現在）

分 布 表

正規分布表

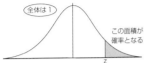

z	0.00	0.01	0.02	0.03	0.04	0.05	0.06	0.07	0.08	0.09
0.0	0.500000	0.496011	0.492022	0.488034	0.484047	0.480061	0.476078	0.472097	0.468119	0.464144
0.1	0.460172	0.456205	0.452242	0.448283	0.444330	0.440382	0.436441	0.432505	0.428576	0.424655
0.2	0.420740	0.416834	0.412936	0.409046	0.405165	0.401294	0.397432	0.393580	0.389739	0.385908
0.3	0.382089	0.378280	0.374484	0.370700	0.366928	0.363169	0.359424	0.355691	0.351973	0.348268
0.4	0.344578	0.340903	0.337243	0.333598	0.329969	0.326355	0.322758	0.319178	0.315614	0.312067
0.5	0.308538	0.305026	0.301532	0.298056	0.294599	0.291160	0.287740	0.284339	0.280957	0.277595
0.6	0.274253	0.270931	0.267629	0.264347	0.261086	0.257846	0.254627	0.251429	0.248252	0.245097
0.7	0.241964	0.238852	0.235762	0.232695	0.229650	0.226627	0.223627	0.220650	0.217695	0.214764
0.8	0.211855	0.208970	0.206108	0.203269	0.200454	0.197663	0.194895	0.192150	0.189430	0.186733
0.9	0.184060	0.181411	0.178786	0.176186	0.173609	0.171056	0.168528	0.166023	0.163543	0.161087
1.0	0.158655	0.156248	0.153864	0.151505	0.149170	0.146859	0.144572	0.142310	0.140071	0.137857
1.1	0.135666	0.133500	0.131357	0.129238	0.127143	0.125072	0.123024	0.121000	0.119000	0.117023
1.2	0.115070	0.113139	0.111232	0.109349	0.107488	0.105650	0.103835	0.102042	0.100273	0.098525
1.3	0.096800	0.095098	0.093418	0.091759	0.090123	0.088508	0.086915	0.085343	0.083793	0.082264
1.4	0.080757	0.079270	0.077804	0.076359	0.074934	0.073529	0.072145	0.070781	0.069437	0.068112
1.5	0.066807	0.065522	0.064255	0.063008	0.061780	0.060571	0.059380	0.058208	0.057053	0.055917
1.6	0.054799	0.053699	0.052616	0.051551	0.050503	0.049471	0.048457	0.047460	0.046479	0.045514
1.7	0.044565	0.043633	0.042716	0.041815	0.040930	0.040059	0.039204	0.038364	0.037538	0.036727
1.8	0.035930	0.035148	0.034380	0.033625	0.032884	0.032157	0.031443	0.030742	0.030054	0.029379
1.9	0.028717	0.028067	0.027429	0.026803	0.026190	0.025588	0.024998	0.024419	0.023852	0.023295
2.0	0.022750	0.022216	0.021692	0.021178	0.020675	0.020182	0.019699	0.019226	0.018763	0.018309
2.1	0.017864	0.017429	0.017003	0.016586	0.016177	0.015778	0.015386	0.015003	0.014629	0.014262
2.2	0.013903	0.013553	0.013209	0.012874	0.012545	0.012224	0.011911	0.011604	0.011304	0.011011
2.3	0.010724	0.010444	0.010170	0.009903	0.009642	0.009387	0.009137	0.008894	0.008656	0.008424
2.4	0.008198	0.007976	0.007760	0.007549	0.007344	0.007143	0.006947	0.006756	0.006569	0.006387
2.5	0.006210	0.006037	0.005868	0.005703	0.005543	0.005386	0.005234	0.005085	0.004940	0.004799
2.6	0.004661	0.004527	0.004396	0.004269	0.004145	0.004025	0.003907	0.003793	0.003681	0.003573
2.7	0.003467	0.003364	0.003264	0.003167	0.003072	0.002980	0.002890	0.002803	0.002718	0.002635
2.8	0.002555	0.002477	0.002401	0.002327	0.002256	0.002186	0.002118	0.002052	0.001988	0.001926
2.9	0.001866	0.001807	0.001750	0.001695	0.001641	0.001589	0.001538	0.001489	0.001441	0.001395
3.0	0.001350	0.001306	0.001264	0.001223	0.001183	0.001144	0.001107	0.001070	0.001035	0.001001
3.1	0.000968	0.000935	0.000904	0.000874	0.000845	0.000816	0.000789	0.000762	0.000736	0.000711
3.2	0.000687	0.000664	0.000641	0.000619	0.000598	0.000577	0.000557	0.000538	0.000519	0.000501
3.3	0.000483	0.000466	0.000450	0.000434	0.000419	0.000404	0.000390	0.000376	0.000362	0.000349
3.4	0.000337	0.000325	0.000313	0.000302	0.000291	0.000280	0.000270	0.000260	0.000251	0.000242

t 分布表

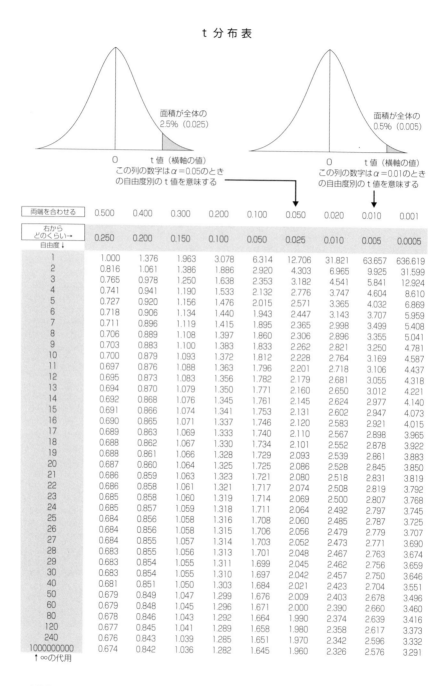

面積が全体の 2.5%（0.025）

0　t 値（横軸の値）
この列の数字はα＝0.05のときの自由度別の t 値を意味する

面積が全体の 0.5%（0.005）

0　t 値（横軸の値）
この列の数字はα＝0.01のときの自由度別の t 値を意味する

両端を合わせる	0.500	0.400	0.300	0.200	0.100	0.050	0.020	0.010	0.001
右からどのくらい→ 自由度↓	0.250	0.200	0.150	0.100	0.050	0.025	0.010	0.005	0.0005
1	1.000	1.376	1.963	3.078	6.314	12.706	31.821	63.657	636.619
2	0.816	1.061	1.386	1.886	2.920	4.303	6.965	9.925	31.599
3	0.765	0.978	1.250	1.638	2.353	3.182	4.541	5.841	12.924
4	0.741	0.941	1.190	1.533	2.132	2.776	3.747	4.604	8.610
5	0.727	0.920	1.156	1.476	2.015	2.571	3.365	4.032	6.869
6	0.718	0.906	1.134	1.440	1.943	2.447	3.143	3.707	5.959
7	0.711	0.896	1.119	1.415	1.895	2.365	2.998	3.499	5.408
8	0.706	0.889	1.108	1.397	1.860	2.306	2.896	3.355	5.041
9	0.703	0.883	1.100	1.383	1.833	2.262	2.821	3.250	4.781
10	0.700	0.879	1.093	1.372	1.812	2.228	2.764	3.169	4.587
11	0.697	0.876	1.088	1.363	1.796	2.201	2.718	3.106	4.437
12	0.695	0.873	1.083	1.356	1.782	2.179	2.681	3.055	4.318
13	0.694	0.870	1.079	1.350	1.771	2.160	2.650	3.012	4.221
14	0.692	0.868	1.076	1.345	1.761	2.145	2.624	2.977	4.140
15	0.691	0.866	1.074	1.341	1.753	2.131	2.602	2.947	4.073
16	0.690	0.865	1.071	1.337	1.746	2.120	2.583	2.921	4.015
17	0.689	0.863	1.069	1.333	1.740	2.110	2.567	2.898	3.965
18	0.688	0.862	1.067	1.330	1.734	2.101	2.552	2.878	3.922
19	0.688	0.861	1.066	1.328	1.729	2.093	2.539	2.861	3.883
20	0.687	0.860	1.064	1.325	1.725	2.086	2.528	2.845	3.850
21	0.686	0.859	1.063	1.323	1.721	2.080	2.518	2.831	3.819
22	0.686	0.858	1.061	1.321	1.717	2.074	2.508	2.819	3.792
23	0.685	0.858	1.060	1.319	1.714	2.069	2.500	2.807	3.768
24	0.685	0.857	1.059	1.318	1.711	2.064	2.492	2.797	3.745
25	0.684	0.856	1.058	1.316	1.708	2.060	2.485	2.787	3.725
26	0.684	0.856	1.058	1.315	1.706	2.056	2.479	2.779	3.707
27	0.684	0.855	1.057	1.314	1.703	2.052	2.473	2.771	3.690
28	0.683	0.855	1.056	1.313	1.701	2.048	2.467	2.763	3.674
29	0.683	0.854	1.055	1.311	1.699	2.045	2.462	2.756	3.659
30	0.683	0.854	1.055	1.310	1.697	2.042	2.457	2.750	3.646
40	0.681	0.851	1.050	1.303	1.684	2.021	2.423	2.704	3.551
50	0.679	0.849	1.047	1.299	1.676	2.009	2.403	2.678	3.496
60	0.679	0.848	1.045	1.296	1.671	2.000	2.390	2.660	3.460
80	0.678	0.846	1.043	1.292	1.664	1.990	2.374	2.639	3.416
120	0.677	0.845	1.041	1.289	1.658	1.980	2.358	2.617	3.373
240	0.676	0.843	1.039	1.285	1.651	1.970	2.342	2.596	3.332
1000000000 ↑∞の代用	0.674	0.842	1.036	1.282	1.645	1.960	2.326	2.576	3.291

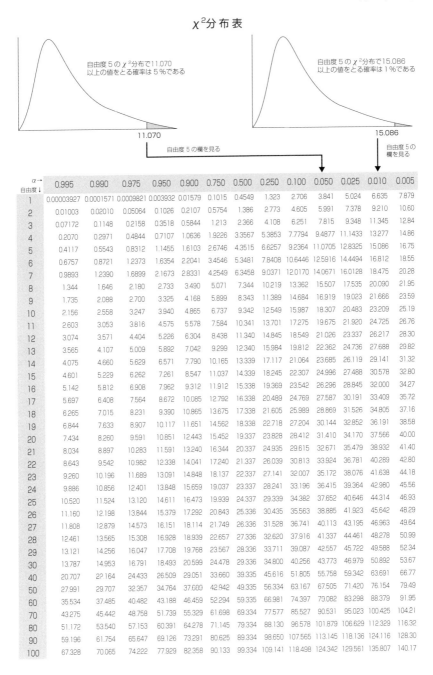

F 分布表

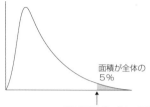

面積が全体の5%

2つの自由度m1とm2の組合せで，横軸が決まる

α=0.05

m2↓ \ m1→	1	2	3	4	5	6	7	8	9	10	12
1	161.4476	199.5	215.7073	224.5832	230.1619	233.986	236.7684	238.8827	240.5433	241.8817	243.906
2	18.51282	19	19.16429	19.24679	19.29641	19.32953	19.35322	19.37099	19.38483	19.3959	19.41251
3	10.12796	9.552094	9.276628	9.117182	9.013455	8.940645	8.886743	8.845238	8.8123	8.785525	8.744641
4	7.708647	6.944272	6.591382	6.388233	6.256057	6.163132	6.094211	6.041044	5.998779	5.964371	5.911729
5	6.607891	5.786135	5.409451	5.192168	5.050329	4.950288	4.875872	4.81832	4.772466	4.735063	4.677704
6	5.987378	5.143253	4.757063	4.533677	4.387374	4.283866	4.206658	4.146804	4.099016	4.059963	3.999935
7	5.591448	4.737414	4.346831	4.120312	3.971523	3.865969	3.787044	3.725725	3.676675	3.636523	3.574676
8	5.317655	4.45897	4.066181	3.837853	3.687499	3.58058	3.500464	3.438101	3.38813	3.347163	3.283939
9	5.117355	4.256495	3.862548	3.633089	3.481659	3.373754	3.292746	3.229583	3.178893	3.13728	3.072947
10	4.964603	4.102821	3.708265	3.47805	3.325835	3.217175	3.135465	3.071658	3.020383	2.978237	2.912977
11	4.844336	3.982298	3.587434	3.35669	3.203874	3.094613	3.01233	2.94799	2.896223	2.853625	2.787569
12	4.747225	3.885294	3.490295	3.259167	3.105875	2.99612	2.913358	2.848565	2.796375	2.753387	2.686637
13	4.667193	3.805565	3.410534	3.179117	3.025438	2.915269	2.832098	2.766913	2.714356	2.671024	2.603661
14	4.60011	3.738892	3.343889	3.11225	2.958249	2.847726	2.764199	2.698672	2.645791	2.602155	2.534243
15	4.543077	3.68232	3.287382	3.055568	2.901295	2.790465	2.706627	2.640797	2.587626	2.543719	2.475313
16	4.493998	3.633723	3.238872	3.006917	2.852409	2.741311	2.657197	2.591096	2.537667	2.493513	2.42466
17	4.451322	3.591531	3.196777	2.964708	2.809996	2.69866	2.614299	2.547955	2.494291	2.449916	2.380654
18	4.413873	3.554557	3.159908	2.927744	2.772853	2.661305	2.576722	2.510158	2.456281	2.411702	2.342067
19	4.38075	3.521893	3.12735	2.895107	2.740058	2.628318	2.543534	2.47677	2.422699	2.377934	2.307954
20	4.351244	3.492828	3.098391	2.866081	2.71089	2.598978	2.514011	2.447064	2.392814	2.347878	2.277581
21	4.324794	3.4668	3.072467	2.8401	2.684781	2.572712	2.487578	2.420462	2.366048	2.320953	2.250362
22	4.30095	3.443357	3.049125	2.816708	2.661274	2.549061	2.463774	2.396503	2.341937	2.296696	2.225831
23	4.279344	3.422132	3.027998	2.795539	2.639999	2.527655	2.442226	2.374812	2.320105	2.274728	2.203607
24	4.259677	3.402826	3.008787	2.776289	2.620654	2.508189	2.422629	2.355081	2.300244	2.254739	2.18338
25	4.241699	3.38519	2.991241	2.75871	2.602987	2.49041	2.404728	2.337057	2.282097	2.236474	2.164891
26	4.225201	3.369016	2.975154	2.742594	2.58679	2.474109	2.388314	2.320527	2.265453	2.219718	2.147926
27	4.210008	3.354131	2.960351	2.727765	2.571886	2.459108	2.373208	2.305313	2.250131	2.204292	2.132303
28	4.195972	3.340386	2.946685	2.714076	2.558128	2.445259	2.35926	2.291264	2.235982	2.190044	2.117869
29	4.182964	3.327654	2.93403	2.701399	2.545386	2.432434	2.346342	2.278251	2.222874	2.176844	2.104493
30	4.170877	3.31583	2.922277	2.689628	2.533555	2.420523	2.334344	2.266163	2.210697	2.16458	2.092063
40	4.084746	3.231727	2.838745	2.605975	2.449466	2.335852	2.249024	2.18017	2.124029	2.077248	2.003459
50	4.03431	3.18261	2.790008	2.557179	2.400409	2.286436	2.199202	2.129923	2.073351	2.026143	1.951528
60	4.001191	3.150411	2.758078	2.525215	2.36827	2.254053	2.166541	2.096968	2.040098	1.992592	1.917396
80	3.960352	3.110766	2.718765	2.485885	2.328721	2.214193	2.126324	2.056373	1.999115	1.95122	1.875262
120	3.920124	3.071779	2.680168	2.447237	2.289851	2.175006	2.08677	2.016426	1.958763	1.910461	1.833695
240	3.880497	3.033439	2.642213	2.409257	2.251649	2.136479	2.047864	1.977111	1.919026	1.870295	1.792674

分　布　表

15	20	24	30	40	60	120
245.9499	248.0131	249.0518	250.0951	251.1432	252.1957	253.2529
19.42914	19.44577	19.45409	19.46241	19.47074	19.47906	19.48739
8.70287	8.66019	8.638501	8.616576	8.594411	8.572004	8.549351
5.857805	5.802542	5.774389	5.745877	5.716998	5.687744	5.658105
4.618759	4.558131	4.527153	4.495712	4.463793	4.43138	4.398454
3.938058	3.874189	3.841457	3.808164	3.774286	3.739797	3.704667
3.51074	3.444525	3.410494	3.375808	3.34043	3.304323	3.267445
3.218406	3.150324	3.11524	3.079406	3.042778	3.005303	2.966923
3.006102	2.936455	2.900474	2.863652	2.825933	2.787249	2.747525
2.845017	2.774016	2.737248	2.699551	2.660855	2.621077	2.580122
2.71864	2.646445	2.608974	2.570489	2.530905	2.490123	2.448024
2.616851	2.543588	2.505482	2.466279	2.42588	2.384166	2.340995
2.53311	2.458882	2.420196	2.380334	2.33918	2.296596	2.252414
2.463003	2.387896	2.348678	2.308207	2.26635	2.22295	2.177811
2.403447	2.327535	2.287826	2.246789	2.204276	2.160105	2.114056
2.352223	2.27557	2.235405	2.193841	2.150711	2.105813	2.058895
2.307693	2.230354	2.189766	2.147708	2.103998	2.058411	2.010663
2.268622	2.190648	2.149665	2.107143	2.062885	2.016643	1.9681
2.234063	2.155497	2.114143	2.071186	2.02641	1.979544	1.930237
2.203274	2.124155	2.082454	2.039086	1.993819	1.946358	1.896318
2.17567	2.096033	2.054004	2.010248	1.964515	1.916486	1.865739
2.150778	2.070656	2.028319	1.984195	1.938018	1.889445	1.838018
2.128217	2.047638	2.005009	1.960537	1.913938	1.864844	1.81276
2.107673	2.026664	1.98376	1.938957	1.891955	1.84236	1.789642
2.088887	2.007471	1.964306	1.919188	1.871801	1.821727	1.768395
2.071642	1.989842	1.946428	1.90101	1.853255	1.802719	1.748795
2.055755	1.97359	1.92994	1.884236	1.836129	1.785149	1.73065
2.041071	1.958561	1.914686	1.868709	1.820263	1.768857	1.7138
2.027458	1.94462	1.900531	1.854293	1.805523	1.753704	1.698107
2.014804	1.931653	1.88736	1.840872	1.79179	1.739574	1.683452
1.924463	1.838859	1.792937	1.744432	1.692797	1.637252	1.57661
1.871384	1.784125	1.73708	1.687157	1.633682	1.575654	1.511472
1.836437	1.747984	1.700117	1.649141	1.594273	1.534314	1.467267
1.793222	1.70316	1.654168	1.60173	1.544887	1.482111	1.410677
1.750497	1.65868	1.608437	1.554343	1.495202	1.429013	1.351886
1.70823	1.614488	1.562844	1.506852	1.444994	1.374555	1.289621

索　引

関数索引

A	AVERAGE	5, 7, 9, 20, 32, 33, 172	N	NORM.DIST	121, 126, 127
B	BINOM.DIST	114, 115		NORM.INV	126, 127
C	DHISQ.DIST	145, 146		NORM.S.INV	126, 128, 129, 171, 176
	CHISQ.INV	167		NORM.S.DIST	124, 126, 128, 176
	CHISQ.INV.RT	146	P	PERCENTILE.EXC	12
	CHISQ.TEST	143〜149		PERCENTILE.INC	12
	COMBIN	95		PERMUT	95
	CONFIDENCE.NORM	160, 165, 166		POISSON.DIST	115, 116
	CONFIDENCE.T	162	Q	QUARTILE.EXC	5, 7, 8, 9
	CORREL	61, 67, 79		QUARTILE.INC	5, 7, 8, 9
	COUNT	32, 33	S	SKEW	32
	COVAR	61, 68		SQRT	33, 165, 166
E	EXP	116		STDEV.P	24, 32, 61, 68
F	FACT	95		STDEV.S	24, 32, 33, 171
	FREQUENCY	39, 42		SUM	32
	F.TEST	179		SUMPRODUCT	77
G	GEOMEAN	13, 15, 20	T	T.INV	151〜153, 161
H	HARMEAN	19, 20		T.DIST	151
K	KURT	32		T.TEST	177, 178, 180
M	MAX	32	V	VAR.P	22, 24, 32, 156
	MEDIAN	5, 7, 9, 32		VAR.S	22, 24, 32, 156, 174
	MIN	32	Z	Z.TEST	171
	MODE.SNGL	12, 32			

図表索引

図表1-1　オートSUMボタンの▼ ……………………………………………… 6
図表1-2　数式メニューの「関数挿入」ボタンと「オートSUM」ボタン ……… 6
図表1-3　中央値の求め方 ………………………………………………………… 7
図表1-4　Excelで平均と中央値と四分位数を求める関数の入力例 …………… 10
図表1-5　パーセンタイルの順位の考え方（n＝10のとき） …………………… 11
図表1-6　べき乗根について ……………………………………………………… 13

図表1-7	スマートホンの ^ ボタン(例)	14
図表1-8	日本の1994年度から2017年度の実質GDP（単位：十億円）	17
図表1-9	実質GDPの実変動と幾何平均で求めた伸び率の関係	18
図表1-10	代表値が同じで散らばりが違う例	21
図表1-11	分散と標準偏差	22
図表1-12	標本分散と不偏分散	24
図表1-13	平成29年雇用形態別労働者数	26
図表1-14	「データ分析」のメニュー	27
図表1-15	データメニューに「データ分析」が表示されたところ	28
図表1-16	2クラス30人の得点	29
図表1-17	基本統計量の設定	30
図表1-18	基本統計量の出力結果	30
図表1-19	尖度による分布のちがい	31
図表1-20	歪度	31
図表1-21	Excelの基本統計量に関する関数	32

図表2-1	部品50個の重さ（単位：g）	35
図表2-2	部品の重さの度数分布表（左2列）および関連する統計量	37
図表2-3	ヒストグラム	37
図表2-4	得点分布	39
図表2-5	度数分布表とヒストグラムのデータ（区間入り）	40
図表2-6	Excelの「データ分析（ヒストグラム）」の設定	41
図表2-7	棒グラフの要素の間隔を0にしてヒストグラムにする	42
図表2-8	FREQUENCY関数の引数設定ウィンドウ	43
図表2-9	重さ(g)を2回ドラッグ&ドロップしたところ	45
図表2-10	値フィールドの設定	46
図表2-11	ピボットテーブルの行のグループ化	46
図表2-12	クロス集計表の構造	47
図表2-13	ピボットテーブルの仕組み	48
図表2-14	クロス集計用データ	49
図表2-15	アンケートに答えた30人の性別・年齢別構成	51
図表2-16	年代別構成割合つきのクロス集計表の設定	52
図表2-17	年代の構成割合つきのクロス集計表	53
図表2-18	性別年代別の家事の負担割合の平均	53

索　引

図表2-19	日経平均株価とTOPIXの週間データ（部分）	55
図表2-20	日経平均株価とTOPIXの移動平均のグラフ	56
図表2-21	対ドル円相場	57
図表2-22	指数平滑法による減衰率別の対ドル円相場予測	57

図表3-1	広島市と札幌市の気温と使用電力量	59
図表3-2	相関係数と散布図	62
図表3-3	広島市の気温と電力量の標準化変量と相関係数	64
図表3-4	素点と標準化変量の違い	65
図表3-5	広島市と札幌市の気温と電力使用量のデータ入力	68
図表3-6	株価	69
図表3-7	「データ分析」の「相関」の設定	70
図表3-8	アンケート集計結果	71
図表3-9	ある国のGDPと消費支出レベル	73
図表3-10	単回帰式で表される直線のイメージ	73
図表3-11	残差について	77
図表3-12	決定係数の計算過程	78
図表3-13	日本の実質GDPと民間最終消費支出	79
図表3-14	近似曲線による単回帰式の導出	80
図表3-15	単回帰分析の出力	82
図表3-16	重回帰分析の例	85
図表3-17	重回帰分析の出力	87

図表4-1	関数電卓の ALT ボタンと nPr ボタン（x）の位置	94
図表4-2	Excelと関数電卓での操作方法	95
図表4-3	加法定理のイメージ	97
図表4-4	条件付き確率	98
図表4-5	2つの工場と不良品の関係	101
図表4-6	アプリの問題の事前確率と事後確率	104
図表4-7	不良品率の問題の事前確率と事後確率（その1）	105
図表4-8	不良品の問題の事前確率と事後確率（その2）	105
図表4-9	1の目が出る回数とその確率	109
図表4-10	2項分布を近似するポアソン分布	112
図表4-11	λの値によるポアソン分布の変化	113

図表4-12	BINOM.DIST関数の引数の設定ウィンドウ	115
図表4-13	POISSON.DIST関数の引数の設定ウィンドウ	116
図表4-14	確率分布と確率密度	117
図表4-15	正規分布の概形	118
図表4-16	正規分布の確率密度関数（曲線部）と分布関数（灰色部分）	119
図表4-17	正規分布の平均と標準偏差の関係	122
図表4-18	様々な平均や標準偏差をもつ正規分布と標準正規分布	123
図表4-19	正規分布が表している範囲（上側確率）	124
図表4-20	正規分布表（上側確率）	125
図表4-21	NORM.DIST関数の引数の設定ウィンドウ	126
図表4-22	NORM.DIST関数の関数形式の解釈	127
図表4-23	NORM.S.DIST関数の引数の設定ウィンドウ	128
図表4-24	NORM.S.INV関数の引数の設定ウィンドウ	129
図表4-25	問題4.22の解釈	132
図表5-1	母集団と標本	135
図表5-2	120の標本の平均の分布	136
図表5-3	120個の標本と平均値	137
図表5-4	サイコロを100回投げた結果	142
図表5-5	自由度（d.f.）別χ^2分布の形状	144
図表5-6	CHISQ.DIST関数の使用例	145
図表5-7	χ^2の独立性の検定	147
図表5-8	自由度5と10のt分布と正規分布	150
図表5-9	自由度5のT.DIST関数の入力例とグラフ	151
図表5-10	t分布表	152
図表5-11	t分布表の見方（自由度10の25％と2.5％）	153
図表5-12	F分布の概形	154
図表5-13	有効性と不偏性と一致性	155
図表5-14	データ分析の基本統計量での母平均の信頼区間	163
図表5-15	自由度（n-1）のχ^2分布	166
図表5-16	世帯平均年収の検定で使用したデータ	169
図表5-17	有意水準5％の棄却域	170
図表5-18	z検定用データ	173
図表5-19	A農場とB農場からのサンプルの重さとz検定の結果	174

図表5-20	z検定出力と片側検定と両側検定のイメージ ………………… 175
図表5-21	t検定：一対の標本による平均の検定のデータと出力 ………… 177
図表5-22	夜間照明別収量 ………………………………………………… 179
図表5-23	F検定の出力 …………………………………………………… 180
図表5-24	t検定：等分散を仮定した2標本による検定の出力 …………… 181
図表5-25	2つの地域の世帯の食費 ……………………………………… 181
図表5-26	F検定と分散が等しくないt検定の出力 ………………………… 182
図表5-27	分散分析：一元配置のデータと一元配置分散分析の設定 …… 184
図表5-28	分散分析：一元配置の出力 …………………………………… 185
図表5-29	分散分析：繰り返しのない二元配置の入力と出力（分散分析表）… 186
図表5-30	分散分析：繰り返しのある二元配置の入力データ …………… 186
図表5-31	分散分析：繰り返しのある二元配置の出力（分散分析表）…… 187
図表5-32	交互作用なしと交互作用あり ………………………………… 188

公式索引

調和平均　　$\dfrac{1}{調和平均} = \dfrac{1}{n}\left(\dfrac{1}{x_1} + \dfrac{1}{x_2} + \cdots \dfrac{1}{x_n}\right)$ ……………… 19

標本分散　　$\sum(x_i - \bar{x})^2 / n$ ……………… 23

不偏分散　　$\sum(x_i - \bar{x})^2 / (n-1)$ ……………… 23

変動係数　　変動係数 = 標準偏差 ÷ 平均 × 100 ……………… 25

指数平滑法　$y_{t+1} = a \times x_t + (1-a) \times y_t$ ……………… 56
　　　　　　　　　$= y_t + a(x_t - y_t)$
　　　　　　　ただし，$0 < a < 1$
　　　　　　　$1 - a$ は減衰率

相関係数　　相関係数 = $\dfrac{第1変量と第2変量の共分散}{第1変量の標準偏差 \times 第2変量の標準偏差}$ ……… 61

標準化変量	標準化変量 $= \dfrac{\text{データ値} - \text{平均}}{\text{標準偏差}} = \dfrac{x_i - \bar{x}}{\sigma}$	……63
偏差値	偏差値 $= 50 +$ 標準化変量 $\times 10$	……66
正規方程式	$\sum y_i = na + b \sum x_i$	……76
	$\sum x_i y_i = a \sum x_i + b \sum x_i^2$	
決定係数	$R^2 = 1 - \dfrac{\sum e_i^2}{\sum (y_i - \bar{y})^2}$	……78
順列	$_nP_r = \underbrace{n(n-1)(n-2)\cdots}_{r\text{個}}$	……92
	$_nP_r = \dfrac{n!}{(n-r)!}$	……92
組合せ	$_nC_r = \dfrac{_nP_r}{r!}$	……94
	$_nC_r = \dfrac{n!}{r!(n-r)!}$	……94
確率	$P(A) = \dfrac{\text{事象Aの場合の数}}{\text{全事象の場合の数}}$	……96
確率の加法定理	$P(A \cup B) = P(A) + P(B) - P(A \cap B)$	……97
条件付き確率	$P(B\mid A) = \dfrac{P(A \cap B)}{P(A)}$	……98
乗法定理	$P(A \cap B) = P(A) \cdot P(B\mid A) = P(B) \cdot P(A\mid B)$	……98
ベイズの逆確率 （2工場の不良品の場合）	$P(A_1\mid B_1) = \dfrac{P(A_1) \cdot P(B_1\mid A_1)}{P(A_1) \cdot P(B_1\mid A_1) + P(A_2) \cdot P(B_1\mid A_2)}$	……101
	$P(A_2\mid B_1) = \dfrac{P(A_2) \cdot P(B_1\mid A_2)}{P(A_1) \cdot P(B_1\mid A_1) + P(A_2) \cdot P(B_1\mid A_2)}$	……101

索　引

| 離散型確率変数の期待値 | $E(x) = \sum_{i=1}^{n} x_i p_i = x_1 p_1 + x_2 p_2 + \cdots + x_n p_n$ | 107 |

離散型確率変数の分散

$$Var(x) = E\{(x-\mu)^2\} \quad \cdots \quad 107$$
$$= \sum_{i=1}^{n} \{(x_i - \mu)^2 p(x_i)\}$$
$$= (x_1-\mu)^2 p(x_1) + (x_2-\mu)^2 p(x_2) + \cdots + (x_n-\mu)^2 p(x_n)$$

2項分布	$P(x) = {}_nC_x p^x (1-p)^{n-x} \quad x=0,1,\cdots,n$	108
2項分布の平均(期待値)	np	109
2項分布の分散	$np(1-p)$	109
ベルヌーイ分布	$P(x) = p^x (1-p)^{1-x} \quad x=0,1$	109
ポアソン分布の平均	$\lambda = np$	111
ポアソン分布	$P(x) = \dfrac{\lambda^x e^{-\lambda}}{x!}$	112
ポアソン分布の平均と分散	λ	113
正規分布の確率密度関数	$f(x) = \dfrac{1}{\sqrt{2\pi}\,\sigma} e^{-\frac{(x-\mu)^2}{2\sigma^2}}$	120
標準正規分布の確率密度関数	$f(x) = \dfrac{1}{\sqrt{2\pi}} e^{-\frac{x^2}{2}}$	122
Z(Z得点)	$Z = \dfrac{X-\mu}{\sigma}$	123
有限母集団から抽出された標本平均の分散	$\sigma_{\bar{x}}^2 = \dfrac{N-n}{N-1} \cdot \dfrac{1}{n} \cdot \sigma^2$	139
無限母集団から抽出された標本平均の分散	$\sigma_{\bar{x}}^2 = \dfrac{1}{n} \sigma^2$	139
推測統計の z	$z = \dfrac{\bar{x}-\mu}{\sigma/\sqrt{n}}$	140, 157

χ^2値	$\chi^2 = \sum_{i=1}^{n} \dfrac{(o_i - e_i)^2}{e_i}$	………………………… 143
Tの値	$T = \dfrac{\bar{x} - \mu}{s}\sqrt{n-1}$	………………………… 149
F分布のF	$F = \dfrac{X/m_x}{Y/m_y}$	………………………… 154
母平均の95％信頼区間 （正規分布）	$\bar{x} - 1.96\dfrac{s}{\sqrt{n}}$ から $\bar{x} + 1.96\dfrac{s}{\sqrt{n}}$	………………… 158
母平均の95％信頼区間 （t分布）	$\bar{x} - t_{0.025}(n-1)\dfrac{s}{\sqrt{n}}$ から $\bar{x} + t_{0.025}(n-1)\dfrac{s}{\sqrt{n}}$	… 161
母比率の区間推定のz	$z = \dfrac{\hat{p} - p}{\sqrt{p(1-p)/n}}$	………………………… 164
母比率の95％ 信頼区間	$\hat{p} - 1.96\sqrt{\hat{p}(1-\hat{p})/n}$ から $\hat{p} + 1.96\sqrt{\hat{p}(1-\hat{p})/n}$	… 164

用語索引

数字
0乗 ……………………………… 108, 110

アルファベット
【A】
ALT …… 19, 69, 93~95, 110, 113, 114, 116
【B】
BS ……………………………………… 93
【C】
CLR ……………………………………… 93
conditional probability ………………… 97
continuous random variable ………… 116
【D】
DEL ……………………………………… 93
d.f. ………………………………… 24, 142
discrete random variable …………… 106
【F】
FALSE ………… 114~116, 121, 126~128, 145, 146, 151
F検定 ……………………… 27, 178~182
F分布 ………………… 141, 153, 154, 179
【G】
GDP ……………………………… 16, 72, 79
【I】
independent ……………………………… 99
【L】
ln(ボタン) …………………… 113, 114, 116
【P】
P-値(P値) ……………… 84, 87, 184, 185, 187
【R】

R-2乗値 ……………………………… 80
【S】
ShiftキーとCtrlキー ……………… 42, 43
【T】
TRUE ……………… 114, 115, 121, 124, 126, 128, 145, 146, 151, 176
t検定 ………… 27, 133, 150, 172, 176~178, 180~183
t分布 ……………………… 141, 149~151, 153
t分布表 ………………… 84, 152, 153, 161
tの欄 ……………………… 83, 84, 86~88
【X】
X-12-ARIMA ……………………………… 54
X-13-ARIMA ……………………………… 54
【Z】
Z(得点) ……… 123~125, 128, 129, 140, 157, 159, 164, 170, 175, 176
Z検定 …………………… 27, 133, 172~176

ギリシャ文字
α(あるふぁ) …… 56, 57, 174, 175, 177~180, 182, 184~186
χ　χ^2検定 …………………………… 54, 143
　　χ^2値 …………………………… 142, 143
　　χ^2分布 ……………… 141, 142, 144~146, 153, 166, 167

記号等
$ (Excelにおける)絶対参照 ……… 124
＃＃＃＃＃ ……………………………… 18

205

【あ行】

- あ アクティブ …………… 5, 9, 18, 44, 174
  - 値の貼り付け ………………… 54, 149
  - 値フィールドの設定 ……… 44, 46, 52
  - アドイン(方法) ………………… 27, 32
- い 異常値 …………………………… 4, 35
  - 一元配置 ………………… 27, 183~185
  - 一次式 ………………………………… 72
  - 一次元集計 …………………………… 51
  - 一致性・一致推定量 ………… 154~156
  - 一対の標本 ……………… 27, 176~178
  - 一峰(性) …………………………… 118, 150
  - 移動平均(法) ……………… 27, 54~56
  - イベント数 ………………………… 115
  - 因果関係 ………………………… 51, 71
- う 上側確率 …… 123~125, 157, 175, 176
- え 円周率 …………………………… 120
- お オートSUMボタン ………………… 5, 32
  - オプション ………………… 28, 60, 80, 172

【か行】

- か 回帰式 ……………… 74, 77, 78, 83~85, 88
  - 回帰分析 …………… 27, 59, 71, 79, 81, 84
  - 階級(値・の幅) ………………… 35~42
  - 階乗 ………………………… 91, 94, 95
  - 概要 ……………… 82, 83, 85, 87, 184, 185
  - 確率 ……… 32, 91, 96~114, 117~119, 123~124, 139~143, 146, 148, 151, 158, 161, 164, 167, 171, 172, 175, 179, 183
  - 確率変数 ……… 91, 106~107, 116, 119, 153
  - 確率分布 ……………… 91, 111, 113, 117
  - 確率密度(関数) …… 117, 119~122, 126~128, 144~146, 150, 151
  - 家計調査 ………………………… 134
  - 仮説検定 ………………………… 174
  - 片側検定 ………………… 171, 176~178, 180
  - 加法定理 ……………………… 96, 97, 101
  - 関数形式 …………………… 114, 115, 126~128
  - 関数電卓 …… 15, 16, 92~95, 112~114, 116, 120
  - 関数名 ………………………… 5, 9, 42
  - 観測値 ………………………… 77, 78
  - 観測度数 …………………… 142, 143, 148
- き 幾何平均 ………………… 3, 12~18, 20
  - 棄却(域) …… 148, 149, 168, 170~172, 175, 176, 180, 183
  - 記述統計 …………………… 91, 106, 184
  - 季節調整 ………………………… 54
  - 期待値 …… 106, 107, 110, 111, 136, 138, 139, 145, 148, 154, 156, 157
  - 期待度数 …………………… 142, 143, 146~149
  - 基本統計量 …………… 27~30, 32, 156, 162
  - 帰無仮説 …… 148, 149, 168~172, 174~176, 178, 180, 182
  - 逆関数 …………………… 127, 128, 146, 151
  - 共分散 …………………… 27, 60, 63, 68
  - 近似曲線 …………………………… 80
  - 行ラベル ………………………… 44, 51
- く 区間 ……………… 39~43, 55, 111, 119
  - 区間推定 ………………… 157, 161, 163~166
  - 組合せ ……… 72, 91, 93~95, 102, 108, 134, 183
  - 繰り返しのない二元配置 …… 27, 185, 186

繰り返しのある二元配置 …… 27, 186, 187
グループ化 …………………… 44, 46
クロス集計(表) ………… 35, 44, 47~54
け 計算の種類パネル ………………… 52
計算履歴 ……………………………… 93
係数(の欄) ………………… 83~85, 87
決定係数 ………… 77, 78, 80, 83, 85, 88
減衰率 ……………………………… 56, 57
検定 ……… 27, 133, 134, 153, 168~172, 174~176, 178, 183
検定の指定・検定の種類 ……… 178
こ 合計 …………… 6, 32, 39, 44, 79, 183
交互作用 ……………………… 186~187
降順 …………………………………… 51
構成割合 ………………………… 51~53
誤差の範囲 ………… 145, 148, 173, 177
雇用者数 ……………………………… 25

【さ行】

さ サイコロ …… 96, 99, 100, 107~110, 114, 138, 139, 142~144
最小値 ……… 5, 6, 16, 32, 35, 38, 62, 75
最小二乗法 ……………………… 74, 76
最頻値 …………………… 3, 12, 20, 28, 31, 32, 33, 118, 120
最大値 …………………… 5, 6, 32, 35, 38
算術平均 ……… 3, 4, 13, 20, 21, 38, 63
残差 ………………… 73, 74, 76~78, 81
散布図 ……………… 61, 73, 79, 145, 151
サンプリング ……………………… 27
サンプル ………… 23, 28, 91, 163, 174
し 軸の書式設定 ……………………… 16
時系列データ ………………… 35, 54

試行回数 …………………… 108, 109
事後確率 …………………… 100, 102~105
事象 ……… 96~100, 104, 106, 111, 112, 118, 147
指数平滑 …………………… 27, 54, 56
事前確率 …………………… 100, 102~105
自然対数の底 ……………………… 120
実測値 … 55~57, 72~74, 76~78, 143, 148
質的データ ………………………… 33
四分位範囲 ……………………………… 5
四分位偏差 ……………………………… 5
重回帰(分析) …………… 72, 83~88
重決定(R2) ……………………………… 83
重相関R ……………………………… 83
従属変数 ……………………………… 72, 84
自由度 ……… 24, 84, 141, 143~154, 156, 161, 166
自由度調整済み決定係数 ………… 83
周辺度数 ……………………… 51, 147
出現頻度 ………………… 3, 118~120
出力オプション ……………… 81, 85
順序型 ……………………………… 33
順列 ………………………………… 91~95
条件付き確率 ……………… 96~100, 102
昇順 ………………………………… 51
乗法定理 …………………… 96, 98, 99, 102
信頼区間 ……… 32, 158~163, 164~168
信頼度 …………… 32, 84, 162, 164, 167
す 推定 ……… 23, 24, 32, 71, 133, 154, 155, 157, 161~164, 166
推定値(量) …………… 22, 74, 154~156
推測統計 ……………………… 91, 133
数式入力ボタン ……………………… 5
数式メニュー ………………………… 5

207

	数値の個数 …………………6,32		測定値 ………………………116,119
	スタージェスの公式 ……………36		【た行】
	スマートフォン………13,14,92,93,	た	第Ⅰ種の誤り………168,171,172,183
	95,102,113		第Ⅱ種の誤り…………168,171,172
	スワイプ ………………13,14,93		大数の法則………………139,140
せ	正規確率…………………………81		対前年伸び率……………………15
	生起確率………106,108,109,134,135		代表値………………………3,21,106
	正規分布………31,117~129,133,134,		対立仮説………168~172,174,178,182
	136,140~142,149,		タップ……………14,93,95,114,116
	150,157,159,163,		単回帰(分析・式)………72,73,76,77,
	166,167,172,183		79~83
	正規分布表……………………123~125	ち	散らばり…………………3,21,64
	正規方程式……………72,73,75,76		中央値………3,4,9,20,28,32,38,118
	成功率…………………………109		中心極限定理……………139,140,157
	正の相関…………………………60		調和平均………………………3,19~20
	積事象……………………96,97,147		直線的な関係……………………61
	積和……………………………106		直交………………………………76
	積分……………………………120	て	データ系列の書式設定…………42
	接線……………………………75		データの個数……4,28,32,35,141,185
	絶対参照………………………124		データの選択…………………43,44
	説明変数……………72,76~78,83,84		データ分析………27~29,39~41,55,56,
	切片……………………73,82~84,87,88		68~70,79,81,84,
	セル内改行…………………19,69		133,156,162,172,
	セルの書式設定……………18,95		174,176,178~186
	線形近似…………………………80		点推定………………………23,156
	線形な関係……………………61,72	と	等確率…………………………108
	全事象…………………………96,97		統計情報………………17,29,30,32
	尖度…………………………28,31,32		等分散………………27,178~181,183
そ	相関………27,59~64,66,67~71,78,83		独立………99,100,111,141,147,
	相関係数……60~64,,66,67~71,78,83		148,153,156
	相関行列…………………………69		独立性……………………146,147
	相対度数…………………………36		独立性の検定……………146,147
	相対累積…………………………36		独立変数………………………72,84
	総務省統計局……………18,134		

208

索　引

度数多角形 …………………… 38
度数分布(表) …… 35~40,42,44,47,51
ドラッグ＆ドロップ …… 44,45,47,48,
　　　50,52,53

【な行】

な　内閣府 ………………… 17,18,79
に　二元配置 ……………… 27,185~187
　　2項分布 ……… 107~109,111~114,163
　　2項分布の極限 ………………… 111
　　二次関係 ……………………… 61
　　二次元集計 …………………… 51
　　二乗和 ……………………… 141
ね　ネイピア数 ………………… 112
　　ネイピアのe …………… 112,120

【は行】

は　場合の数 ……………………… 96
　　排反 ……………… 97,101,102,108
　　パーセンタイル ……………… 10~12
　　配置 ……………… 18,44,50,183~187
　　配列数式 ……………………… 42
　　外れ値 ……………………… 4,35
ひ　引数 ……… 7,9,13,16,42,67,114,
　　　121,128,145,148,151,
　　　160,171
　　ヒストグラム …… 21,27,35,37~44,135
　　被説明変数 ………… 72,77,78,84
　　微分 ……………………… 75,120
　　ピボットグラフ …………… 44,51
　　ピボットテーブル … 39,44~48,50~54,
　　　149
　　標準アドイン …… 27,39,68,162,172

標準化 …… 64~66,122,123,126,140,
　　157,164,170
標準化変量 …………………… 63~68
標準誤差 ………… 28,32,33,82,87,137
標準正規分布 … 122,123,128,140~142,
　　157,164,170,175
標準偏差 …… 21~26,28,32,61,63,64,
　　66,70,118,120~123,
　　126,128,137,140,
　　149,157,158~171
標本 …22,28,31,35,91,133,134~140,
　　149,154~188
標本空間 ………………… 96,97
標本調査 ……………………… 134
標本平均 ……… 135~140,156,159,169
標本分散 …… 22~24,32,61,63,68,156
ふ　負の相関 ……………………… 60
不偏推定量 …………………… 154
不偏推定量 ………………… 154,156
不偏性 ……………………… 154,155
不偏分散 …… 22~25,28,32,137,156,
　　158,162,166,167,169,
　　174
分散 ……… 21~25,27,28,31,32,65,66,
　　106,107,109,113,120,122,
　　133~134,138~140,145,153,
　　154~157,164,167,174,
　　177~184
分散分析 ………… 27,133,172,183,187
分散分析表 ……………… 82,87,184
分布の中心 …………………… 107
へ　平均値 …… 3,4,22,38,56,60,63,113,
　　135,154,172,183,184
平均の差 …………………… 22,172

209

	平均の検定 …………27,172,174~177	む	無限(大・小) ……… 111,116~118,163
	平均の信頼度の出力 …… 32,162,163		無限母集団 …… 138,139,157,158,161
	平均伸び率 …………………………… 16		無作為 …………110,134,135,156,158,
	平方根 …… 12,21,28,32,61,63,79,		159,162,167
	137,140,158,162		無作為抽出 …………… 38,133,134,183
	ベイズ統計学 …………………………100		無相関 …………………………… 61,76
	ベイズの逆確率 ………… 100,102~104		無料アプリ ……………………92,93,95
	ベイズの定理 …………………100,101	め	名義型 ………………………………33
	べき乗 …………………………… 12~14		【や行】
	ペナルティ ……………………………83		
	ベルヌーイ分布 ……………………109	ゆ	有意差　有意な差
	偏差値 ………………………………66		…………173,175~177,180,182,184,
	変動係数 ……………………………25		185,187
	偏微分 ………………………………75		有意水準 … 84,148,149,158,160,161,
ほ	ポアソン確率 ………………………115		164,170,172,174~176,
	ポアソン分布 ……… 107,110~115,141		178,180,183,185
	ポアソン分布の平均 ………………113		有意な関連性 ………………………146
	ポアソン分布の分散 ………………113		有限母集団 …………………… 138,139
	ホームメニュー ……………… 5,18,95		有効性 …………………………154~156
	補正R2 …………………………83,86,88		歪度(ゆがみど) ………………28,31,32
	母集団 …… 24,29,31,32,91,133~142,	よ	要素の間隔 ……………………… 42,43
	149,154~158,161,163,		予測値 …………………………… 55~57
	166~168,170,173,183		【ら行】
	母比率 …………………………163,164		
	母分散 ‥23,138,154,156,166~168,169	り	離散型 ………………………………33
	母平均 …… 136,150,154,156~164,166,		離散型確率変数 …… 106,107,110,116
	168,171,172,174,175,178,		離散値 …………………………… 106
	180		両側検定 ………………… 171,177,178
	母平均の差の検定 …………… 168,172		量的データ …………………………33
	【ま行】	る	累乗 …………………………………12
			累積ポアソン確率 ………………… 115
み	右側確率 ……………………… 146,153		累積分布関数 …… 114,120,121,126,
	密度関数 ……………… 119,120,122		128,145,146,151
	民間最終消費支出 ……… 79~81,83,84		累積度数 ……………………………36

索　引

れ　列ラベル …………………………51
　　連続型 …………………………33
　　連続型確率変数 …… 106, 116~120, 149
　　連続量 ……………………… 116
　　連立方程式 ……………………76

【わ行】

わ　歪度（わいど）……………… 28, 31, 32
　　和事象 …………………………96

著者紹介

渋谷　綾子（しぶや　あやこ）

　国立大学法人山口大学経済学部教授。同大学経済学部で「経営数学」「経営統計」，共通教育科目で「経済データの統計学」，経済学研究科で「経営数理計画研究」「経営数理システム研究」担当。

　北海道大学経済学部経営学科を卒業後，会社員としてパーソナル・コンピュータのインストラクタ，福祉施設職員を経て，専修大学大学院経営学研究科修士課程および博士後期課程を修了。経営学博士。

　東海大学政治経済学部，産能短期大学，玉川大学工学部，玉川学園女子短期大学，駒澤大学経営学部の非常勤講師ののち，高崎商科大学流通情報学部講師，山口大学経済学部准教授を経て，2013年より現職。

　すべて共著書にて「基礎から学ぶ経営科学－文系の論理的な問題解決法－」（税務経理協会），「Applied General Systems Research on Organizations」（Springer），「情報リテラシー概論」（ヴェリタス書房），「情報処理とWindows」（共立出版）がある。

著者との契約により検印省略

平成30年11月15日	初版第1刷発行
令和元年11月25日	初版第2刷発行
令和3年4月25日	初版第3刷発行

統計学入門

著　　者	渋　谷　綾　子
発　行　者	大　坪　克　行
製　版　所	税経印刷株式会社
印　刷　所	光栄印刷株式会社
製　本　所	牧製本印刷株式会社

発　行　所　〒161-0033　東京都新宿区　　株式　税務経理協会
　　　　　　下落合2丁目5番13号　　　　　会社

　　　振　替　00190-2-187408　　　電話　(03)3953-3301（編集部）
　　　ＦＡＸ　(03)3565-3391　　　　　　　(03)3953-3325（営業部）
　　　URL　http://www.zeikei.co.jp/
　　　乱丁・落丁の場合は、お取替えいたします。

© 渋谷綾子 2018　　　　　　　　　　　　　　　　Printed in Japan

本書の無断複製は著作権法上での例外を除き禁じられています。複製される場合は、そのつど事前に、出版者著作権管理機構（電話 03-5244-5088，FAX 03-5244-5089，e-mail : info@jcopy.or.jp）の許諾を得てください。

JCOPY ＜出版者著作権管理機構 委託出版物＞

ISBN978-4-419-06571-3　C3034